パナソニック再起

2030年への新・成長論

日本経済新聞社 編

日経プレミアシリーズ

はじめに

挑戦することに及び腰で、動きが鈍いとも見られてきたパナソニックホールディングス（ＨＤ）の社員が、経営が、変わりつつある。主力の家電では長年続けてきた取引慣行をためらうことなく見直して値崩れの防止に動き、米テスラの電気自動車（ＥＶ）向けに現地で車載電池の新たな工場が必要とみるや、即座に大規模投資を決めた。グループの一部では部長や課長を社員から公募する制度を取り入れ、年功序列も徐々に見直そうとしている。２０２２年４月の持ち株会社制への移行を機に、矢継ぎ早に手を打ってきた。

これらの取り組みはいずれも、事業領域別の子会社が自ら判断して始めたものだ。事業会社に投資や人事の権限を移し、意思決定の速度も早くなった。パナソニックＨＤへと衣替えし、現場は自律的に動き始めている。長い雌伏の時を経て、かつての輝きを取り戻そうとしているようだ。

松下電器産業からパナソニックへと社名を変更した08年を挟み、日本を代表する電機メーカーは下降線をたどり続けた。プラズマテレビ事業の失敗で12年3月期、13年3月期に巨額の最終赤字を計上して以降、半導体事業の売却や太陽光パネルの生産撤退など不採算事業の整理に追われ、次々に生まれる赤字事業への対応は「モグラたたき」と揶揄《やゆ》された。

時計の針を戻せば1984年度の営業最高益を更新していない。歴代の経営者は負のスパイラルを打開しようと試みてきたものの、成長軌道へと復帰する扉は開かなかった。

2021年4月にCEO（最高経営責任者）、6月に社長に就任した楠見雄規氏が日々向き合うのは「経営の神様」である創業者、松下幸之助。各事業会社に幸之助の唱えた「自主責任経営」を促す一方、原点回帰を訴えてグループの結束を取り戻そうとしている。

幸之助はいまなおグループの精神的な支柱であり続ける。もっとも過去の栄光が足かせとなり、変化への対応は後手に回ってきた。米GAFAMや中国のテック企業が牽引するデジタル経済のうねりの中で存在感は乏しい。

失われた40年を経て、日本企業は試行錯誤を重ねている。外国人トップを据えて事業を選別した武田薬品工業、コア事業とシナジーの薄いグループ会社の切り離しを加速してきた日立製作所。欧米のグローバルプレーヤーが採る手法に活路を見いだす大手企業も相次いでいる。

これに対し、パナソニックＨＤは、別の道を探っている。起点にいるのはやはり幸之助だ。価値観の違いによる世界の分断は覆い隠せなくなり、ロシアによるウクライナ侵攻で世界平和の枠組みも揺らいでいる。新型コロナウイルス禍で世界は無数の人命を失いかねないパンデミックの危機に接した。企業の役割を突き詰めて考えるようになった経営者の多くは、社員や世の人の幸福を追求する経済活動に関心を寄せるようになった。貧しい境遇から身を興した幸之助は幸福について考え抜いた哲人だった。

日本人は戦後、終身雇用制や新卒一括採用などの日本型経営を生み、高度成長を遂げ、経済大国へと駆け上がった。日本型経営で日本経済を支えた代表格と言える企業が、かつての松下電器産業である。

だが、強さの源泉だったこれまでの仕組みは制度疲労を起こしている。これからの日本企業にフィットした経営はどんなものなのか。パナソニックＨＤへと衣替えをして解を見いだそうと模索を続ける姿は、新時代の経営を探し求める日本企業を象徴しているようだ。

成長と幸福を両立する２０３０年へ――。本書では、21年7月から23年2月まで日経産業新聞に連載した「Panasonic　再起」を加筆、修正しながら、新たな日本企業のあり方を探るパナソニックＨＤの実像を追う。

登場する方々の肩書きや事実関係は原則、新聞掲載当時のままとした。発刊にあたり、日本経済新聞社の取材に協力いただいた関係者に心からの感謝の意を伝えたい。また我々は、パナソニックＨＤの経営を取材、分析するすべての学者やジャーナリスト、アナリストのこれまでの論文やリポートから多くを学んでおり、深く敬意を表したいと思う。

２０２３年6月

日本経済新聞社

目次

第2章 新生パナソニック、現場からの変革 53

外国籍社員との橋渡し役
実験室を持つ開発部隊
現場の「匠」、常識を疑い新技術
パナソニック流の「デザイン経営」
博士号を持つ「セキュリティーの番人」
カイゼン担う「伝承師」
「カイゼン思想」を現場に植え付ける
森の会議から新発想
オフィス内に「キャンプ場」を再現

私はこう見る
「足りないのは『社員の成長感』だ」三島茂樹●執行役員 134

第4章

脱しがらみへ、外部人材が変革を加速

第7章

再成長の芽を探せ、各事業部門が描く戦略

ガンバ大阪がビジネス講座
グループ内をつなぐ紐帯を目指す
甲子園の照明に虎
元選手の視点が原動力に
スピード経営「コネクト」が牽引
個々の成長戦略を描く
高級キッチンを家具店で
「薄利多売より厚利多売」
新事業を生む土壌はできたか
人材の確保が急務に

私はこう見る

第8章 トップが語る、2030年のPanasonic Holdings

第１章

道をひらく、
ホールディングス発足

30億ドルの授業料

2020年秋、翌春にパナソニックのトップに就任するよう告げられた楠見雄規氏は、停滞する会社の病巣をつまびらかにしようともがいていた。創業者・松下幸之助が強かった頃の松下電器産業を書いた著書を読み、関係者を訪ね歩き、かつてと今のパナソニックとは何が違うのかを考えた。

出した結論は、経営のすべてにおけるスピード不足だった。会社は24万人の従業員を抱える巨艦だ。大きすぎるが故に経営のかじを切るのに時間がかかり、競争力を失ってきた。「完全買収が必要なのか」「それにしても高すぎる」。20年春、「G戦」と呼ばれるグループ戦略会議では異論が相次いだ。検討していたのは米ソフトウエア大手ブルーヨンダーの完全買収だ。

G戦は執行役員など社内カンパニーの幹部らで構成する重要会議。参加する幹部にとってソフトウエアは知見の乏しい領域だった。そのうえ買収額が大きければ「自信を持ってイエスともノーともいえない」(幹部の1人)。議論は買収額の多寡に終始し、停滞した。

結局、出資を2度に分ける手順を踏んだ。躊躇《ちゅうちょ》した1年でブルーヨンダーの企業価値は5割超上昇した。節約できたかもしれない分の時価は30億ドル。遅く浅い議論が招いた高い授業料だ。

22年4月、パナソニックは持ち株会社パナソニックホールディングス（HD）に移行した。経営体制の抜本的な変更には、悪しき慣習を払拭する狙いが込められていた。それまでは投資など「攻め」だけでなく、事業撤退など「守り」の判断も遅れていた。

現在は持ち株会社が長期戦略を議論し、傘下に置く事業会社の取締役会がスピード感や専門性を伴って戦略を判断する体制に変わっている。楠見氏は「（持ち株会社は）最後の最後は人事権しか持っていない、というのが究極の姿」と語る。

大きな会社の一部という意識は、「寄らば大樹の陰」との考えに陥りやすい。利益を生む事業に隠れて利益が出ない事業も温存され、「（成長するのが難しい）立地の悪い事業をほったらかしにしている現実があった」（楠見氏）。

08年に松下電器産業からパナソニックへ社名を変えた後、11年には三洋電機とパナソニッ

楠見氏（右）が社長に昇格する人事を発表した2020年11月13日。左は当時の津賀社長（共同通信）

ク電工を計8000億円規模で完全子会社にした。これ以降、大再編に伴うコングロマリット（複合企業）の弊害に苦しむことになる。

配線器具を手がける会社として独立したパナソニック電工と、幸之助の義弟で創業期には松下の社員として働いていた井植歳男氏が創業した三洋電機はともに同根ともいえる会社だった。しかし融合には長い時間と大きな労力を必要とした。

12年にパナソニックの社長に就いた津賀一宏氏は「クロスバリューイノベーション」と繰り返し発信し、三洋電機やパナソニック電工との融合に力を注いだ。幹部や中堅クラスの人員交流も進め、事業部も一部再編してパナソニックとの一体運営を目指した。津賀氏は「言葉1つとっても意味合いが違い、苦労した」と振り返る。

「いくら否定されても構わない」

「売上高7兆円を割ったのは残念だ」「ソニーと大きな差が付いた」。21年6月末、持ち株会社制度への移行を決めて以降、初めてとなる定時株主総会では、株主から厳しい声が上がった。

楠見氏は株主に「パナソニックが経営の伝統、強さ、らしさを取り戻し、大きな貢献を生み出す会社にしていきたい」と応えたものの、表情は一貫して険しい。「結局何が変わるのかが見えにくい」（取引金融機関）との声も根強く、長引く停滞への視線は厳しかった。

「前任者はいくら否定されても構わない。私のことは気にせず」。21年6月上旬、津賀氏は社長就任を控えた楠見氏に昼食をとりながらこう語りかけた。津賀氏はプラズマテレビの撤退など前任者の経営の否定から構造改革を始めた。楠見氏も「今のやり方では現に成長していない」と認める。

松下幸之助は1932年、事業を25年周期と捉え、それを10回繰り返し、会社が社会での

過去20年、業績の低迷が続く

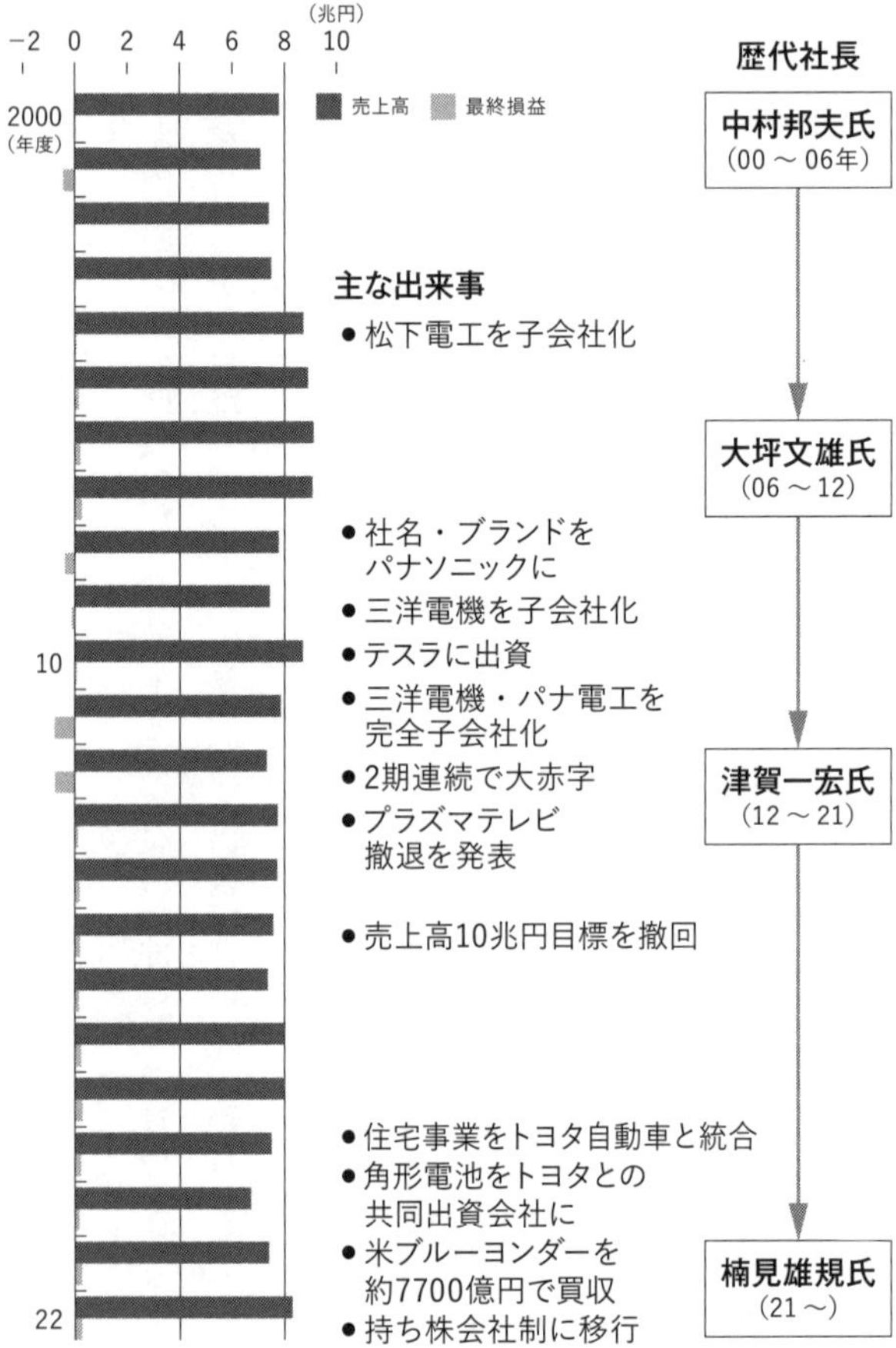

(兆円)
−2 0 2 4 6 8 10
2000
(年度)
10
22
売上高
最終損益
主な出来事
● 松下電工を子会社化
● 社名・ブランドを
パナソニックに
● 三洋電機を子会社化
● テスラに出資
● 三洋電機・パナ電工を
完全子会社化
● 2期連続で大赤字
● プラズマテレビ
撤退を発表
● 売上高10兆円目標を撤回
● 住宅事業をトヨタ自動車と統合
● 角形電池をトヨタとの
共同出資会社に
● 米ブルーヨンダーを
約7700億円で買収
● 持ち株会社制に移行
歴代社長
中村邦夫氏
(00 ~ 06年)
大坪文雄氏
(06 ~ 12)
津賀一宏氏
(12 ~ 21)
楠見雄規氏
(21 ~)

使命を果たす250年計画を宣言した。創業から100年を越えてなお、その壮大な計画の半分にも達していない。老いるにはまだ早い。津賀氏や楠見氏は、そう思っている。

8つの傘下企業

本社の石板も「パナソニック」から「Panasonic」に掛け替えた

「持ち株会社制ではなく、事業会社制と呼びたい」。楠見氏は21年5月27日の所信表明で、翌年に控えたHDへの移行を踏まえ、こう強調した。「事業会社が主役」との思いは強く、それぞれの会社が競争力を高める風土を根付かせたいと考えた。

持ち株会社の傘下には8つの事業会社などがある。白物家電と電気設備を担当する新「パナソニック」、企業向けシステムの「パナソニックコネクト」、電子部品の「パナソニックインダストリー」、自動車部品の「パナソニックオートモーティブシステムズ」はいずれも売上高1兆円を

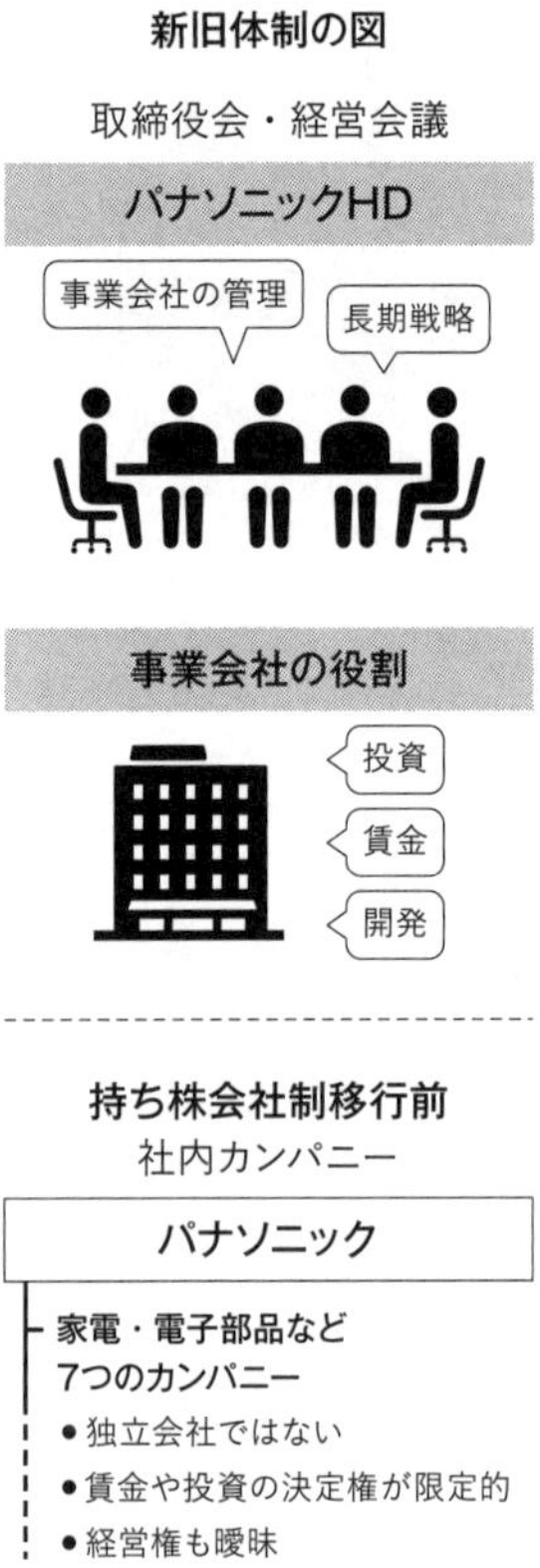

超える。

「自主責任経営の徹底」（楠見社長）と繰り返し語る狙いは他社に負けない競争力を磨くことだ。電子部品の21年3月期の売上高営業利益率は5%ほどで、積層セラミックコンデンサーで世界首位の村田製作所（20%ほど）に遠く及ばない。車載電池は中韓や欧州メーカーが積極的に生産能力を引き上げており、技術開発も含めて競争が激しい。企業向けシステムも、ソフトウエアとハードウエアを巧みに融合させた事業の展開で独シーメンスが先行する。

持ち株会社制では人事制度や賃金制度、投資などを決める権限を事業会社に移し、これまでの画一的な仕組みを脱し、競合に勝てる体制づくりを目指す。副社長の佐藤基嗣氏は「競争力を持てるよう事業ごとに最適化する」と力を込めた。

現在は誰が見ても分かるような全社を牽引する事業はない。メリハリある投資で成長を託す事業を選別しようにも、前提となる競争力がなければ判断はつかない。楠見氏は社長に就任した当初、2年間で各事業会社の競争力を磨く青写真を描いていた。「どの事業で成長するかは、その上で考えていきたい」と話した。

持ち株会社制を導入するのは、実は初めてではない。創業から17年後の1935年、社名を松下電器製作所から松下電器産業に変え、同時に9つの事業会社を抱える持ち株会社制に移行した。その2年前に導入した「事業部制」を発展させたものだった。

「職場の組織のために、十分に力を伸ばすことのできない場合が多い。それではいけないと思い、松下では各分社の人々に、思う存分働いていただきたいと考えた」。持ち株会社制に移行した翌年、幸之助は狙いをこう説明している。「分社制」と呼ばれた持ち株会社制は、製造所ごとに管理する「製造所制」へと変わるまで9年間続いた。権限と責任を与えられた事

持ち株会社への移行で意思決定のスピードを速くする

パナソニックホールディングス（2022年4月～）

8つの事業会社などがHDの下に連なる

パナソニック（白物家電＋電気設備）
- 中国での展開を加速
- 空調と空気質を組み合わせた商品強化

パナソニックオートモーティブシステムズ（車載機器）
- 次世代技術「CASE」に照準
- 運転席周りの統合制御に注力

パナソニックインダストリー（電子部品）
- 自動車や通信を重点領域に
- シェア上位の商品に特化

パナソニックコネクト（企業向けシステム）
- 米ブルーヨンダーを買収
- 現場改善のソフトやハードを提供

パナソニックエナジー（電池）
- 米国で車載向け新工場
- 新型開発で技術の優位性確保

パナソニックエンターテインメント＆コミュニケーション（黒物家電）

パナソニックハウジングソリューションズ（トイレやキッチン）

パナソニックオペレーショナルエクセレンス（間接機能など）

業会社は奮起し、乾電池やラジオが同社を代表する製品として全社の成長を牽引した。

「任せて任せず」の経営再び

持ち株会社制への移行を説明する松下幸之助

およそ3四半世紀ぶりに移行した持ち株会社制について楠見社長は、「創業者の頃にはよく似た形をとっていたが、私の世代にとっては全く新しい挑戦」と話す。形は先祖返りだが、経営の実態は当時と大きく異なる。

幸之助は持ち株会社の社長と9事業会社の社長をすべて兼務した。事業を展開する領域や地域が広がったいま、当時と同じ経営体制にすることに現実味はない。代わりに導入したのが「非財務指標で事業トップと連携する」（楠見社長）仕組みだ。

これまでKPI（成果指標）にしてきたのは、売上高や営業利益だった。しかし結果として成長できていない。楠見社

体制変更を繰り返してきた

1918年	松下幸之助が3人で創業
33年	事業部制を開始
35年	分社制（持ち株会社制）に移行。ラジオや乾電池、配線器具など9つの事業会社に
44年	製造所制に移行
50年	事業部制復活。4事業部で運営
54年	事業本部を設置
72年	事業本部を解体し、製品グループごとに管理
78年	全事業部を社長直轄に
84年	テレビ本部など本部制を導入
97年	社内分社制を導入。AVC社やエアコン社などを配置
2001年～	事業部制を廃止。ドメイン別の経営管理に
13年	事業部制を復活。社内カンパニー制へ
19年	事業別の5社と、米・中の地域別の2社を加えた7つの社内カンパニーに
22年	持ち株会社制へ

長自身も車載機器事業のトップを務めていた際に疑問を感じていた。車載機器は開発に時間がかかり、中長期で回収する。単年、もしくは四半期の売上高や営業利益にとらわれると、いま手掛けている目の前の事業を評価するのは難しかった。

どのように管理すれば競争力を高められるのか。導き出した答えが非財務指標だ。競争力アップに直結する取り組みを定め、常に改善のサイクルを回す。

例えば車載電池の非財務指標は「ワットアワーあたりの単価」。この単価を左右する設備の価格、稼働率、稼働の安定性、生産性などが非財務のＫＰＩとなる。このように各事業会社のトップに対し、本当の競争力を見極めたＫＰＩの設定を求めている。

会社は過去、何度もその姿、その形を変えてきた。事業部制の廃止や復活、事業部を束ねる事業本部の設置、社内分社や事業ドメイン制。そのすべてが成長に寄与したとまでは言えない。

幸之助は「任せて任せず」という言葉を残した。「(仕事を) 任せてはいるけれども、たえず頭の中で気になっている。ときに報告を求め、問題がある場合には適切な助言や指示をしていく。それが経営者のあるべき姿だと思う」と話していた。持ち株会社制では任せて任せずの実践が、成長のカギを握ることになる。

10年の遅れ、挽回の難路

持ち株会社制への移行を公表したのは20年秋。パナソニックへの社名変更から10年以上が過ぎていた。次の方向性を示しきれなかったこの間に、ライバルの電機大手は進む道を明確にしている。

ソニーグループはエンターテインメント、日立製作所はIoTサービス基盤「ルマーダ」を会社の中心に据える。両社とも成長戦略との関わりが薄い事業を切り離す構造改革を徹底して業績を改善し、21年3月期に純利益が過去最高を更新した。

一方、パナソニックの純利益は21年3月期に前の期比27％減の1650億円だった。22年3月期は2553億円で同55％増、HD移行初年度の23年3月期は同4％増の2655億円と持ち直しつつあるものの、力強さに欠ける。全社を牽引するような高収益事業は、今のところ育っていない。

遅れた構造改革の評価は、株価に表れている。10年前の時価総額は2兆円強で、ソニーグループと並んでいた。22年12月末ではパナソニックHDが2兆7252億円にとどまる一方、ソニーグループは12兆6549億円とその差は4・7倍に広がった。

楠見社長がトップとして初登壇した21年6月末の定時株主総会後、ある株主は「意思決定が遅く、経営陣が現場を見ていない。昔は東のソニー、西の松下電器産業と言われていた。幸之助さんがいたらこんなことになっていない」と残念がった。

９年間、社長を務めた津賀氏は社長退任を発表した20年11月、「収益を伴う成長ができなかった」と悔しさを口にした。一方で７０００億円を超える最終赤字を計上した就任直後の状況から考えると、「次への挑戦が維持できる形でここまでこられた」と、一定の責務を果たしたと話す。成長軌道への復帰は、楠見氏に託された。

会社のかたち、取締役会が導く

21年6月24日昼、本社の一室に拍手が響いた。この直後に楠見氏をトップとする新体制での取締役会が開かれる部屋から出てきたのは、長栄周作氏だ。同日の株主総会で8年間務めた会長、取締役会議長の任を離れ、特別顧問に就いた。

持ち株会社への移行は、事業も企業風土も社員の意識も、何もかもを変革する経営の大転換と言っていい。会社の姿を丸ごと変える判断をリードしたのが取締役会だった。体制移行を発表したのは20年11月。取締役会では議事録に発言内容を残さない「討議」という形で何度も議論を重ね、実現にこぎ着けた。この時点で13人の取締役のうち6人が社外。社内の論理に振り回されず、過去のしがらみを捨てて物事を決める環境は、事業部の現場に先んじて整っていた。

今でこそ大きな役割を果たす取締役会だが、2010年代の前半まではまるで姿が異なっていた。「この紙を読んで、アドリブはやめてください」。11年、専務役員だった長栄氏は執行側として報告事項があったため取締役会に初めて出席している。事務方が用意した紙を読み上げると、質問は一切出なかったという。

パナソニックは早くから社外取締役を取り入れ、対外的にはガバナンス（企業統治）改革の優等生とされてきた。だが、形を整えても実がなければ意味をなさない。13年に参画した政策研究大学院大学特別教授（現学長）の大田弘子氏は、取締役会に初めて出席するため会議室に入ると、社内取締役の全員が立って出迎えたのを思い出すという。「私たちはゲストという雰囲気で、同じボードメンバーという意識は持ってもらえていなかった」

取締役会やガバナンスの変革を担ったのが、13年に会長・取締役会議長に就いた長栄氏だった。「（前社長の）津賀氏が（構造改革など）目の前の仕事、長栄氏が全面的にガバナンス改革を担った」（大田氏）。いつも静かな取締役会の現状を打破するべく、長栄氏は社外取締役が定期的に事業所を訪問し、社員と意見交換する機会を設けた。クールビズにもかかわらず、全員が着用していたネクタイは外すことにした。堅苦しい雰囲気を少しでも変えたかった。

社外取締役の数を徐々に増やす一方、社内取締役を削減。相談役制度の廃止も進めた。取締役会は活性化し、今では「ガバナンスでは他社をリードする会社になれている」（長栄

持ち株会社制への移行前から社外取締役を増やしていた

数字は総数（うち社外取締役）

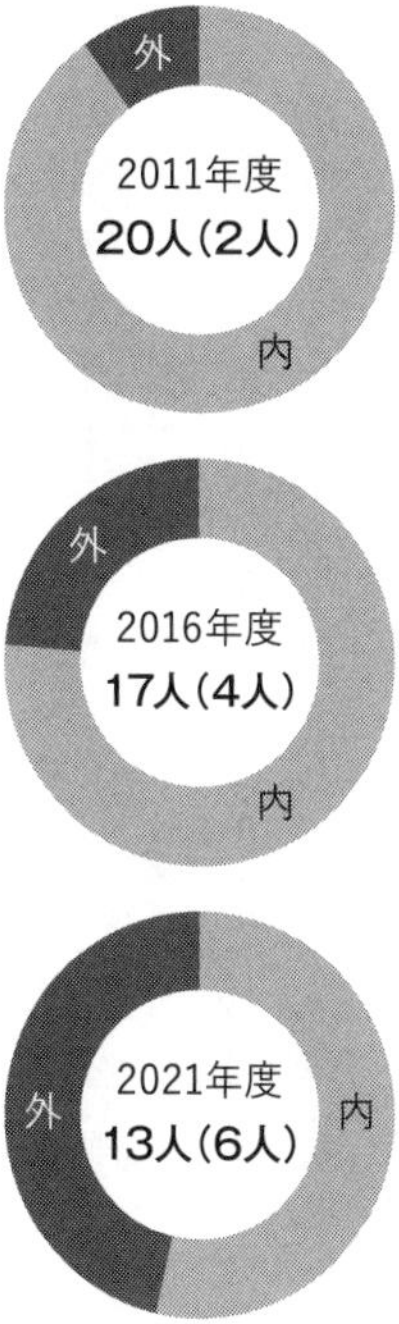

氏)。かつての取締役会はたいてい2時間以内に終わっていた。今では時に議論が白熱して4時間を超えることもある。

遠心力と求心力の試行錯誤

こうして体質を変えた取締役会が果たした最大の役割は、その時点でのトップを誰にするかを主体的に決めてきたことだろう。創業100年の区切りとなる18年、前任の2社長の在任期間である就任後6年に並んだ津賀氏は退任を考えていたが、指名・報酬諮問委員会が引き留めている。

この時点では大田氏と経営共創基盤グループ会長の冨山和彦氏、日本生命保険会長の筒井義信氏の社外3人のほか津賀氏、長栄氏の5人で指名・報酬諮問委を構成し、「毎年、来年4月に誰が社長であるべきかを考え、津賀氏がベスト、となっていた」(大田氏)ためだ。

津賀氏の在任期間は3年延び、持ち株会社制への移行1年前、21年4月にトップに据えたのが楠見氏。指名・報酬諮問委が全会一致で決めた。過去2代の慣例を気にせず、本人の意向を尊重しつつも、適不適はそれよりも重要だというのが、指名・報酬諮問委が導き出した答えだった。

22年4月の持ち株会社への移行を経て、取締役会に求められるものも変わる。投資や構造改革など事業に紐づく判断の大半は事業会社の取締役会に移る。長期視点でのポートフォリオマネジメントや、事業会社とＨＤの関係性などに目を光らせることになる。人権問題など企業に求められる要素が多様化する中、監査機能もより強く求められる。

大田氏はパナソニックの歴史を「遠心力と求心力の試行錯誤」と話す。持ち株会社制への移行は遠心力も生みかねず、取締役会はグループに何が起きているのか、より注意深く観察しなければならない。長栄氏は津賀氏に後を託して退任し、伴走してきた大田氏も取締役会を去った。さらなる経営改革を進め、現場に最大限の力を発揮してもらうため、取締役会の役割も次のステージへと移る。

私はこう見る

キャッシュ創出力を追いかける

楠見雄規●社長

9代目社長の楠見雄規氏は50代半ばでの就任で、長期のかじ取りが期待される。2021年6月のインタビューでは、現状について「成長できていない」と危機感を示し、販売や利益の数値ではなく、キャッシュの創出力を重視すると表明した。最高経営責任者（CEO）就任後、どう変革を起こし、再起するのかを聞いた。本書の最終章では、1年半後に再び実施したインタビューを掲載し、就任時から何が変わったのかを検証する。

――CEO就任直後に米ブルーヨンダー社の買収を決めました。

「ブルーヨンダーの技術を組み合わせれば、サプライチェーンにおける個別最適と全体最適の両面でカイゼンのサイクルを回すことができ、非常にユニークなソリューションをつくることができる。多くの現場も良くなり、ソリューションとしての力も高まる。買収はその循環に向けた入場券だと考えている」

「時間をかけてでも取り組むべきチャレンジが見つかった。買収してすぐ効果があるものは（他社が）すぐキャッチアップできることで、あまり大きなお金を張っても仕方ない。買収してソフトを導入しただけで現場力が高まる、ということはない。ただ、有効なツールであることは確かだ」

「資源を100％使い切り、リードタイムが短くなると使うエネルギーも減る。サプライチェーン全体を研ぎ澄ませれば、サステナビリティにつながる。これはＥＳＧ（環境・社会・企業統治）投資だ」

——環境を重視する姿勢を鮮明にしています。

「30年までの間に（他社や購入先での排出も含む）スコープ３の達成に向けて次の10年に何をするか、前向きに検討する。自分たちだけではできない。サプライヤーに協力できるところがあれば、協力したい」

「当然、我々の投資も必要だ。（現在年20億～30億円程度の）環境投資は、もう少し厚くしなければならないことは確かだ。サステナブルな未来をつくる投資を乗り越えるためにも、競争力を上げて収益力を高めなければならない。競争力強化と環境の話は、表裏一体だ」

――競争力強化に向けて何を変えますか。

「コーポレートと事業の責任者の間で重視する指標を変える。これまで販売や営業利益の目標を定めてきたが、言い方は悪いが帳尻合わせをしていた事業部もあった。その議論をしても競争力はつかない。現に成長していないし、そうした事業は大変なことになった。数値として追いかけるのはキャッシュ創出力だ」

「その前にやらないといけないのは、事業ごとの競争力を高めるために何に取り組んだら良いかをはっきりさせること。事業ごとに異なる非財務ＫＰＩで定量化する。目標数値を達成したら終わりではなく、常にカイゼンのサイクルが回るようにする」

――持ち株会社の役割は。

「単純にポートフォリオマネジメントをするだけではない。たとえば（共同出資会社などで）トヨタ自動車から学んだ、無駄や滞留を排除する考え方を生かすエバンジェリスト的な人材が存在している」

「デジタルトランスフォーメーション（ＤＸ）や環境負荷を下げるところは全社共通でサポートできる。ツールはＨＤで用意する。当社流のＨＤ会社という形にもっていきたい」

――複合企業であることをどう強みにしていきますか。

「社長決裁だから自分の責任ではない、というような考え方を排除する。事業会社は専業メーカーと勝負するということだ。多様な事業があるからこそ、成功したモノを他に移植できる。いくつかの専業メーカーが傘下にあり、シナジー創出の機会もある」

――ここ最近は、構造改革ばかりに追われていた印象があります。

「津賀氏の時代に様々な選択と集中をやった。立地の悪い事業をほったらかしにしていて、どうし

パナソニックの歴代社長
（敬称略）

創業者	松下幸之助	～1961年
2代目	松下　正治	61～77年
3代目	山下　俊彦	77～86年
4代目	谷井　昭雄	86～93年
5代目	森下　洋一	93～2000年
6代目	中村　邦夫	00～06年
7代目	大坪　文雄	06～12年
8代目	津賀　一宏	12～21年
9代目	楠見　雄規	21年～

ても（構造改革などの）戦略を重視せざるを得なかった。収益改善はある程度のところまできた」

「常に社会は変化するので、いま実力のある事業も急速になくなるリスクはある。戦略の議論をやめていいということにはならない。ただ、戦略と現場力、というのが車の両輪だと思う。素晴らしい戦略でも、実行力がなければ実現しない。両輪をしっかり回す」

――創業者・松下幸之助への思いは。

「創業の心や考えを勉強する機会は多くあった。途方に暮れた時、（創業者の）判断を振り返ることができるのは、潜在的な強みだ。立場が変われば同じ資料でも違った気づきがある」

「創業者は自分の会社を大きくしようと考えたことはないようだ。銀行で『どれだけ会社を大きくするんだ』と聞かれた時に、『それを決めるのはお客様』と応じた。商品の品質が素晴らしく、コスト面も含めて立派な仕事をして、客に選んでもらえるようになったら、成長するんだ、と。『どこまで成長するか』は目指すものではなく、結果だ、と。そう考えると我々に欠けているのは競争力じゃないか、という思いに至った。競争力を徹底的に磨き上げる」

くすみ・ゆうき
１９８９年京都大学大学院修了、松下電器産業（現パナソニックホールディングス）入社。主に研究開発畑を歩んだ後、２０１９年に社内カンパニーのオートモーティブ社の社長に就任。21年にパナソニック（現パナソニックＨＤ）の社長に就任した。持ち株会社に移行した22年４月から現職。奈良県出身。

次へ進む道を模索した9年間
津賀一宏●会長

２０２１年６月、９年務めた社長から退任して会長に就いた。社長となったのは７０００億円を超える最終赤字を出した直後。在任期間は3代目の山下俊彦氏以来、30年ぶりの長期にわたり、構造改革に邁進《まいしん》した。21年5月のインタビューでは、９年をどう振り返り、後任の楠見氏に何を託すかを聞いた。

――9年前に描いていた未来の姿と現在地を比べて、どう感じますか。

「社長に就任したとき、正直『お先は暗い』という感じだった。赤字で処理が必要な領域がいろいろあり、会社を引っ張ってきた家電領域でヒット商品も見いだせなくなっていた。前任の大坪（文雄氏）からは、家電だけじゃない形に変わる時には、おまえのようなしがらみのない人間がやった方がよいと言われていた」

「家電を守りながら他のことをやる、と言ったところで、インパクトに欠ける。BtoBにシフトするというメッセージを出さざるを得なかった。BtoBシフトでどんな会社に変わるかは当初思い描けなかったが、まずは手触り感のある車載にシフトしようと。大きな経験を得たし、販売も2倍くらいには膨らんだ。テスラ事業も意志を込めて投資をしてきたから、ここまできた」

「当初はここまで長く社長をやるとは思っていなかった。車載事業がうまくいっていれば3～4割を車で稼ぐ会社になっていたかもしれないが、残念ながらそうはならなかった。次への挑戦が維持できる形で楠見社長にバトンを渡せるところまで来たのはありがたい」

——100年を超える歴史の中で、津賀体制はどのような位置づけになりますか。

「何かすごく変わったことをやったかというと、そんなことはない。創業者の時代は蘭フィリップスと一緒に新しい領域に踏み込み、グローバルに事業を拡大するなど、大きな判断があった。世代を引き継ぐ中で、私の世代としてやるべきことをやった」

「かつての主力はＡＶ（音響・映像）、とりわけテレビだった。半導体やパネルを含めて世界最先端のものを持ち、デジタルテレビに世界での成長を懸けた。結果としてプラズマが足を引っ張り、柱をつくれなかった」

「私はパナソニック電工や三洋電機の持っているものを棚卸ししながら次へ進む道を模索し、10年戦う領域を定める腹をくくった。ひとつの領域ではなく、おのおのの事業領域で力をつけられる経営体制が不可欠で、持ち株会社制、というかたちとなった」

——就任直前に三洋と電工を完全子会社化し、統合を進めた9年にも見えます。

「かなり統合は進んだ。単純な統合ではなく、次の出口に向けて力を合わせるという統合で、2社が持ち込んだ事業がそのまま出口として残るわけではない。単に新しい事業会社にすげかえたわけではない。統合・融合があったから出口は変わった。縦割りを入れ替えただけの状態から、1歩も2歩も進んでいる」

――退任直前に米ブルーヨンダーの買収を進めました。

「BtoBへの事業シフトを進める中、今までのハード主体では今後、会社を伸ばすのは難しい。現場から事業や商品を生み出す『現場プロセスイノベーション』という考え方に至った」

「現場プロセスを軸にするには、うちだけではできない。最大のミッシングパーツがソフトウエアだった。いろいろな企業との相性や、組み合わせで生まれるシナジー（相乗効果）を検討する中でブルーヨンダーと出会った」

「DXが進む中で、パナソニックは先進的な企業とはかけ離れた、典型的な製造業だ。現場プロセスイノベーションを柱のひとつに据えないと、社会の変化から遅れていくということを感じていた」

――会社が進む方向をかねて「くらしアップデート業」と話していました。

「くらしアップデートという言葉は、社内で頻繁に使われていないのが実態だ。ただ、モノを作って生み出すというところから、モノを使ってもらう中で継続的にお役立ちをしていく、というくらしアップデートの方向には向かっている」

「今までのような家電イコール暮らしではなく、暮らしを支えるインフラも大切だ。後生大事に言葉を使ってもらう必要はない。社会や当社がそちらに向かっていくなら、それでよい」

つが・かずひろ
1956年生まれ、大阪大学基礎工学部卒。研究所からスタートし、自動車や音響機器部門などを率いた。プラズマテレビ撤退を当時の経営トップに進言。2012年パナソニック社長、21年会長。

事業会社に責任を持たせ、ＨＤが助けてほしい

長栄周作●前会長

新たなガバナンス（企業統治）改革の担い手は、長栄周作前会長（現特別顧問）から、津賀一宏氏にバトンタッチした。長栄氏は事業会社に責任を持たせ、持ち株会社が支援に回る「任せて任せず」の重要性を強調する。会長職を退いた直後の２０２１年７月、ガバナンスについて聞いた。

——取締役会やガバナンス体制をどうやって変革していきましたか。

「13年に取締役会議長となり、活性化が必要と考えて動き出した。クールビズなのに、みなネクタイを締めていたので、そういう細かいところから改めていった。社外取締役から『情報量が少ない』という話もあったので、年2～3回事業所を訪問する取り組みも始めた」

「大きかったのは15年の指名・報酬諮問委員会の設置だ。1番の大仕事は社長を決めること。それを無事にやりきってほっとした。相談役の廃止や取締役の削減のほか、社外取締役を拡充したり、代表権を外したりするなど、様々な制度変更を社外取締役らと相談しながら進めてきた。根拠を示して、透明性を取り入れて実施してきた」

——ガバナンスはどう変わったのでしょう。

「社外取締役が6人になり、取締役会が時間内に終わらなくなった。いろいろな意見が出て、予定の時間に収まらない。ありがたい悲鳴だ。従来は2時間くらいで終わっていたが、長いときは4時間くらいかかった」

「議事録に残さず自由に発言してもらう『討議テーマ』というものも始めた。たとえば、新しい会社の形について意見をお伺いする。最近、討議テーマは多い。これは津賀さんの発案だ」

「『コーポレートガバナンスコード』の議論が出てきた当時、事務局は引き気味だった。（社外取締役の）大田弘子氏に周囲の状況を見ながら進めると報告したら、『トップランナーにならないといけない』と言っていただき、変わった。今はガバナンスでリードする会社になれていると思う」

——持ち株会社化で、ガバナンスのあり方はどう変わりますか。

「これまでの体制でガバナンスの形はある程度できたが、持ち株会社化で会社の形が変わる。事業会社にイニシアチブをとってもらわないといけない。そうなると『任せて任せず』が大切だ。事業会社に責任を持たせて、うまくＨＤが助ける、ということになっていってほしい。そのためのガバナンスに向けて、形も中身も考えなければならない」

「取締役会に求められる役割は変わる。決裁範囲も大きく権限委譲するので、事業会社が今まで本社でやっていたことを担う。上程される議案が変化する。たとえばポートポートフォリオマネジメントなどがＨＤの仕事になる。ＨＤの役割をしっかり決めることが大切だ」

ながえ・しゅうさく
1972年愛媛大学工学部卒。松下電工入社。2010年、パナソニック電工社長。12年パナソニック副社長、13年～21年会長を務める。

旧態依然捨てる覚悟を
大田弘子●前社外取締役

政策研究大学院大学の大田弘子特別教授（現学長）は津賀一宏氏の社長在任とほぼ同期間、社外取締役として伴走し、2022年6月に退任した。これまでの改革の道筋や今後の取締役会のあり方を聞いた。

――津賀体制の9年間をどう評価していますか。

「格闘の9年間だった。製造業の収益構造が大きく変わった。大量生産・大量消費で収益を上げるわけではなく、ソフトウエアやリカーリング（継続課金）で収益を上げる時代だ。誰よりも理解していたのが津賀氏で、転換しようと格闘してきた。事業内容はBtoBに変わり、外部人材も入った。変化する力を持ち始めたという感じだ」

「ビジネスモデルの転換は過去の強みからの脱却で、簡単ではない。ビジネスモデルを転換した社内カンパニーが出てきたのは大きな成果だ。ただ、全体は転換されていない。難しいのは収益構造があまりに大きく変わったことと、会社が巨大すぎること。社長でも全体を把握できず、意思決定をしても全体を変えられない制約がある」

――津賀氏の後任に楠見雄規社長を選びました。

「次の後継者を決めることが取締役会の大仕事だった。数年前から様々な人と意見交換してきた。毎年、来年4月に誰が社長をしているのがベストか、という議論をする中で、20年4月までは津賀氏だとなっていた。津賀氏の取り組んだ改革の帰結として持株会社化が決まり、新しいリーダーが長期で担った方がよいということになった」

「自主責任経営と言いながら、家族的で結果責任を厳しく問わない文化があった。成長力の低い事業を温存することもあった。持ち株会社のトップには事業会社のトップに経営を任せきり、厳格な結果責任を問うことが求められる。強さとクールさ、柔軟さが必要だ。それで楠見氏が適任だということになった。指名・報酬諮問委員会で話したわけではないが、個別に話してトップにとって必要な伸びしろが大きい人だと感じた」

――現在の課題をどうみていますか。

「良くも悪くも過去からの蓄積が大きい。自らそれにとらわれている部分があり、変えていくことへの根強い抵抗感が残っている。津賀氏もよく口にしていたが、松下幸之助は『日に新た』という言葉を残した。実際には『日に新た』に振り切れていない。継続性が重視されすぎるところがある。変わる力を持ち始めた今、旧態依然を捨て去ることが重要だ」

――持ち株会社制の導入で、取締役会に求められる役割は変わりますか。

「当然変わる。実際にスタートしてからが大切だ。事業会社に委ねて結果責任を問うというが、その趣旨が生きているのかを個々の局面でみていかなければならない。変化があまりに早いので、全体戦略の重要性が増している。リスクが多様化し、監査機能の充実も必要だ。役割は変わるが、取締役会の重要性は増していく」

おおた・ひろこ
１９７６年一橋大学卒。
２００６～08年に安倍・福田政権で民間人として経済財政担当相を務める。
規制改革推進会議議長なども歴任。13年～22年パナソニックグループの
社外取締役を務めた。

第２章

新生パナソニック、現場からの変革

新生「パナソニック」3本柱で成長

持ち株会社の傘下に置く事業会社を主役にした改革は、新体制への移行前から始まっていた。最大規模となる事業会社、新パナソニックは3つの事業を柱に新発想を育もうとしている。後戻りすることなく、これまでとは異なる柔軟な組織に生まれ変われるだろうか。

2021年8月、滋賀県彦根市の工場の一角で、事業会社パナソニックの発足後、成長の切り札になる可能性のある装置の製造が進んでいた。バスケットコートより小さなスペースで生産される10円玉ほどのデバイスは、世界中に出荷される。消臭・除菌効果のある「ナノイー」のイオン「OHラジカル」の発生量をそれまでの主力モデルの10倍に高めた、新型の発生器だ。

一見、簡素な構造だが「1000分の1ミリ以下の精度が必要」(林真一事業部長)。スギ花粉の抑制時間が8分の1に縮まり、消臭に必要な時間も短くなる。空気清浄機やエアコンなどの白物家電に搭載し、車載用に自動車メーカーにも提案する。25年度の生産量は年

1500万台と、20年度比で8割増を狙う。

「3本の柱で成長させる」。持ち株会社から社名を引き継ぎ、グループ売上高の半分近くを占める最大の事業会社となる新生「パナソニック」への移行に向けて準備が進む中、トップに立つ品田正弘専務執行役員（現事業会社パナソニック社長）は社内で発破をかける。

3本柱とは、それぞれ将来的に1000億円規模の利益を求める空質・空調、電設資材、そして白物家電の3事業のことだ。

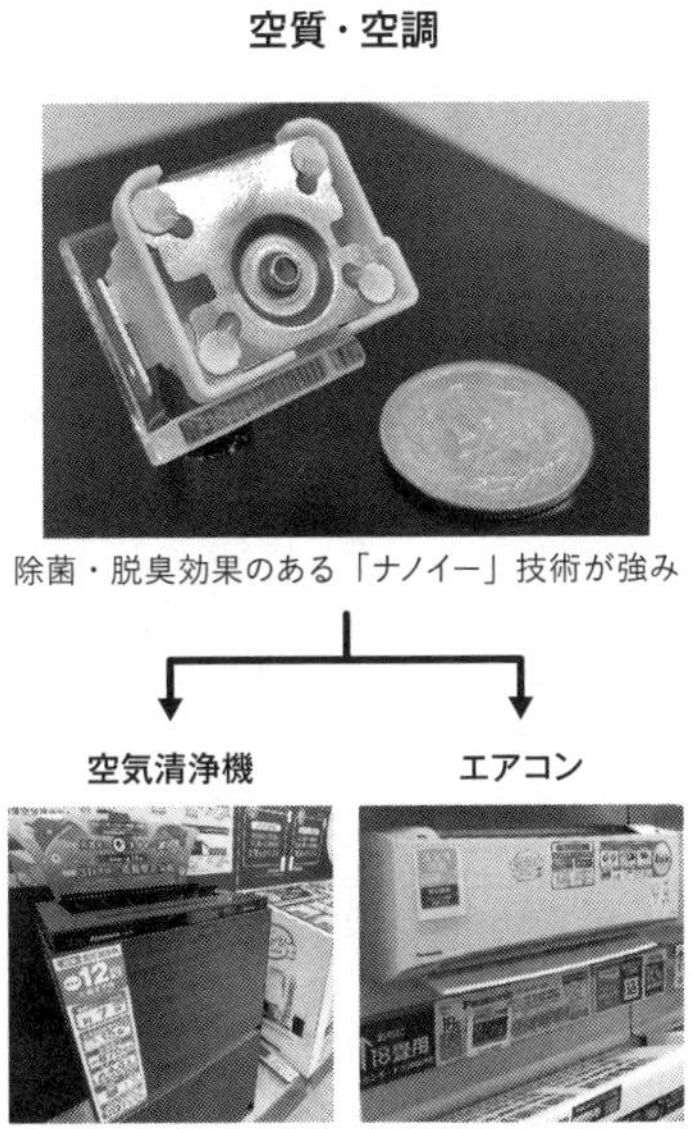

「ナノイー」技術は空質・空調事業を成長させる要となる。ナノイーだけでなく、除菌脱臭効果を訴求する「ジアイーノ」も手がける。両技術はかつて社内カンパニーが異なり、連携が希薄だった。

21年夏、ナノイーのテレビCMが刷新された。最後に流れるメロディーは「ジアイーノ」と同じ。林事業部長は「清潔感のあるブランドとしてイメージを統一したい」と説明する。

成長の鍵は「インドモデル」

2本目の柱である電設資材はグループの祖業だ。1918年、創業者の松下幸之助が「アタッチメントプラグ」という配線器具の生産を始めた。コンセントやスイッチ、配電盤など「地味」な領域だが、グループ内でも指折りの収益力がある。2021年3月期の売上高は約2000億円とみられ、営業利益率は10%を超える。高収益の源泉がインドにある。

07年、約500億円でインドのアンカーエレクトリカルズを買収した。同国内で認知は高いものの、労働環境は良いとは言えなかった。買収後に現地法人社長を務めた川本哲靖氏は「『本当に買収して大丈夫か』と周囲から心配された」と明かす。

アンカーのてこ入れのために、旗艦工場である津工場（津市）のノウハウを全面的に注ぎ込んだ。薄暗かった工場を空調の入った明るい環境に変え、従業員向けの託児所を設けた。生産性向上へ一人の作業員が複数の工程を担う「セル生産」も導入した。

改革は成果に結びつき、21年3月期はロックダウン（都市封鎖）の影響を受けながらも売上高、営業利益ともに2桁増で過去最高を更新した。インドでは配線器具の首位で、国内シェア4割を握る。

地場企業を買収して収益力を高める「インドモデル」は成長の鍵だ。14年にはトルコの配線器具大手を460億円で買収し、今後はアフリカなどでもM&A（合併・買収）を検討する。30年度の電材事業の売上高目標は2倍の4000億円を掲げる。

パナソニックホールディングス（HD）は松下電器産業の時代から会社の形を変えることで成長を目指してきた。2000年に社長に就いた中村邦夫氏は長年の事業部制を

電設資材

日本流の生産方式を海外工場に移植する

インド工場

個々が複数の工程を担う「セル生産」を導入

国内工場

IoTを使った工場の脱炭素技術を海外展開

廃止し、独立経営の徹底を強調した。それでも大きな松下の傘下という気分は抜けなかった。社外取締役だった大田弘子氏が1章のインタビューで指摘したように「結局は結果責任を厳しく問わない文化があった」。

持ち株会社への移行に伴い、賃金制度まで変える自由度を事業会社に与える今回の改革は、簡単にはかつての会社の形に戻せない不可逆な一手だ。パナソニックHDの楠見雄規社長が「競争力を磨く」として与えた猶予期間は自らがトップに就任した21年4月からの2年間。その間に事業会社は競合に勝つすべを見極め、戦略を磨き上げる必要がある。「門真（本社）が言っているから」という姿勢ではなく、今度こそ現場が責任感を持ち、事業を実行できるかが問われる。

白物家電、「引き算」の開発に

長年にわたり会社の顔だった家電は、戦略を大幅に転換する。22年4月以降、テレビなどAV機器は事業会社パナソニックから離れて別会社に移り、白物家電が中心になる。洗濯機や冷蔵庫など松下電器産業時代の成長を支えた白物が新たな顔となる。

「過剰なモノはそぎ落として、入り口を消費者の目線に合わせる」。パナソニックの品田氏はこう強調している。家電は毎年製品を刷新し、前モデルや他社製品との違いを出すために機能を追加するのが当たり前だ。その結果、「作り手のエゴのような製品も多い」（家電事業幹部）。使わない機能が大半で、消費者の心は離れていた。

既存メーカーが機能競争に邁進する一方、新たなプレーヤーは逆張りで躍進した。バルミューダはパンがおいしく焼けるトースターなど特徴的な製品をつくり、アイリスオーヤマやニトリはシンプルで手ごろな価格で需要をつかんだ。

市場を侵食される中、パナソニックは今後を占う炊飯器と電子レンジを21年9月に発売した。キーワードは「引き算の商品開発」だ。利用者は購入後、スマートフォンを操作して必要な機能を選び、ダウンロードする。電子レンジは基本機能だけを搭載し、必要な人だけがグリルなどの専用器具を追加で購入して使う。炊飯器は「玄米」や「おかゆ」など25種類の炊飯モードから、よく使うモードを3つだけ選ぶ仕様だ。

こうした引き算の商品開発は「今後の機軸」（品田氏）だという。そして「本当の意味で新しい価値を生む新家電を作っていこうや」という品田氏の声がけは少しずつ社内の雰囲気を

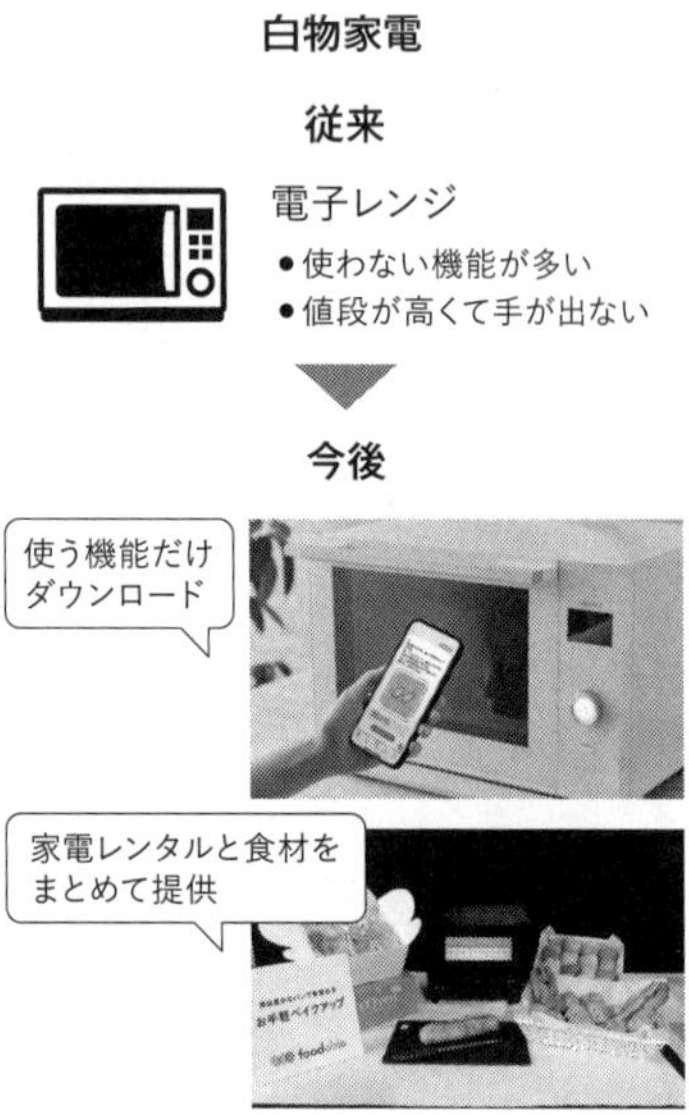
白物家電
従来
電子レンジ
●使わない機能が多い
●値段が高くて手が出ない
今後
使う機能だけ
ダウンロード
家電レンタルと食材を
まとめて提供

変えた。

品田氏が今でも覚えている光景がある。「このアイデアを見てください」。19年に兵庫県加東市の炊飯器工場で、若手社員から声をかけられた。見せられたのは炊飯器の上に米や水をストックして、遠隔操作で炊飯をスタートできる炊飯器の試作機だった。

「一般的な炊飯器に比べると、ちょっと大きすぎるかもしれない」。長年、家電に携わってきた品田氏の目には課題も浮かんだ。だが「炊き方以外の新しい価値を提案している点がいい」。課題にはひとまず目をつぶり、開発を続けることにした。

そんな炊飯器が23年4月、ついに日の目を見た。外観はコーヒーメーカーのようだ。品田氏が重視する「引き算の発想」で、かまど炊きを再現する機能も搭載せず、炊ける量も2合にとどめた。当初の提案時に懸念されていた大きさの課題は、完全に払拭されていた。

家電のサブスクも開始

売り切りという「当たり前」だった販売手法も、変革の対象にした。21年7月から家電レンタルと食材の定期配送を組み合わせたサブスクリプション（定額課金）型のサービスを始めた。高級炊飯器と銘柄米、ホームベーカリーなどを組み合わせて月額3980円で販売する。25年3月期までに調理家電関連の利益の2割をサブスクのようなサービスで稼ぐ構想だ。

家電事業は規模こそ世界大手だが、利益率は他社に見劣りする。空調のダイキン工業やロボット掃除機の米アイロボットなど専業メーカーだけでなく、幅広い商品を展開する韓国のサムスン電子や中国の美的集団にも及ばない。総合力を競争力へと高めることが他社に勝つための第一歩だ。ところがこれまでは旧松下電器産業と旧松下電工に由来するそれぞれの事業の間に壁があり、強みを十分に発揮できていなかった。

分断する技術や人材を組み合わせ、新しい価値を生み出す。そんなシナジー創出に向けた取り組みが、愛知県春日井市で始まった。

室内に置かれた自転車のペダルをこぐと、目の前の大きな液晶画面に海辺の道路の映像が連動して映し出され、風が吹く。森の中では爽やかな香りが漂う。

「空気質や空調に関する複数の技術をブレンドしている」。担当するパナソニックエコシステムズの山内進常務取締役はこう解説する。温度や湿度、気流制御や香りなどの技術を組み合わせて実現した。一つ一つの技術は圧倒的ではなくても、総合力でダイキンなど専業メーカーと違いを出す。「温度や香り、除菌脱臭まで総合して持つ企業はない」(山内常務)。

21年9月、家電本部のある滋賀県草津市に勤務の拠点を置く品田氏らは引っ越し作業に追われていた。事業会社パナソニックの本部は東京に置くことになり、バラバラだった空質・空調、電材事業などのトップも東京に集約して融合を加速する。

品田氏はかねて「家電事業を一丁目一番地に戻すのが仕事」と話していた。持ち株会社から社名を引き継ぐ姿は、一見すると経営の中心に戻ったようにもみえる。品田氏は「企業価値が伴って初めて、本当の意味で戻ったと言える」と覚悟を語った。

「適正な価格で適正にもうける」

開発から販売まで一連の体制刷新にも取り組み始めた。量販店との間で新たな取引形態を導入し、値引き販売を制限する一方、原材料や物流費の高騰を受けて冷蔵庫など一部製品を値上げした。長期間売れ続ける「強い製品」を生み出すのが目標。退路を断つ戦略に打って出た。

「『開製販』が分離している」。品田氏は19年に家電を手がけるアプライアンス社のトップに就いた際、現場の開発体制を見て強い危機感を抱いたという。

開製販とは、開発・製造・販売（マーケティング）のこと。それぞれが分離していることで、消費者が望まない機能が年々追加され続け、「消費者不在の、顧客志向とは呼べない製品」（品田氏）も生まれていた。

一方で米アップルの「ｉＰｈｏｎｅ」やダイソンの掃除機など、独自性の高い製品は支持を集め、高収益を次世代の製品開発に投資する好循環に入っている。ソニーグループも近年はハイエンドの製品に開発を特化し、ブランド力を高めている。

製品のマンネリ化とブランド力低下の悪循環をどう断ち切るのか。大きな期待を寄せるのが持ち株会社化への移行で動き始めた品田氏肝いりのプロジェクト「マイクロエンタープライズ（ME）制」だ。

バケツリレー型の体制を見直し、冷蔵庫や掃除機、食器洗い乾燥機など9製品群について各部署の10～20人程度がチームを作って開発を進める体制を21年10月に整えた。企画を同時並行的にチームで進めることで、企画から製品化のスピードを通常の3年程度から半減させる目標だ。

家電のレッドオーシャン化は今に始まった話ではない。これまで改革できなかった要因の1つに日本の家電販売の業界慣習がある。国内家電は1年ごとに新製品が発売され、発売直後から終売までに2～3割程度、価格が下がるのが常識だった。「売価を元に戻すことが頻繁に新製品を投入し続ける最大の大義になっていた」と品田氏は話す。

こうした業界慣習を打ち破るべく20年、家電量販店の返品に応じる代わりに、値引きの原資となる販売奨励金を減らす取り組みを始めた。独自性がある高付加価値品を対象とし、24年までに白物家電の5割（金額ベース）まで増やす方針で、22年にはこの動きをさらに加速している。

実際、対象製品では価格の値崩れがなくなっている。21年秋に発売した「レイアウトフリーテレビ」は、キャスター付きでどこでも移動できるのが特徴で新スキームの対象となる。BCNのデータによると発売から9カ月後の値下がり率は1％だった。

1年ごとに新製品を投入してきたビジネスモデルを見直し、ME制などで開発した製品の

量販店との取引慣行を見直す

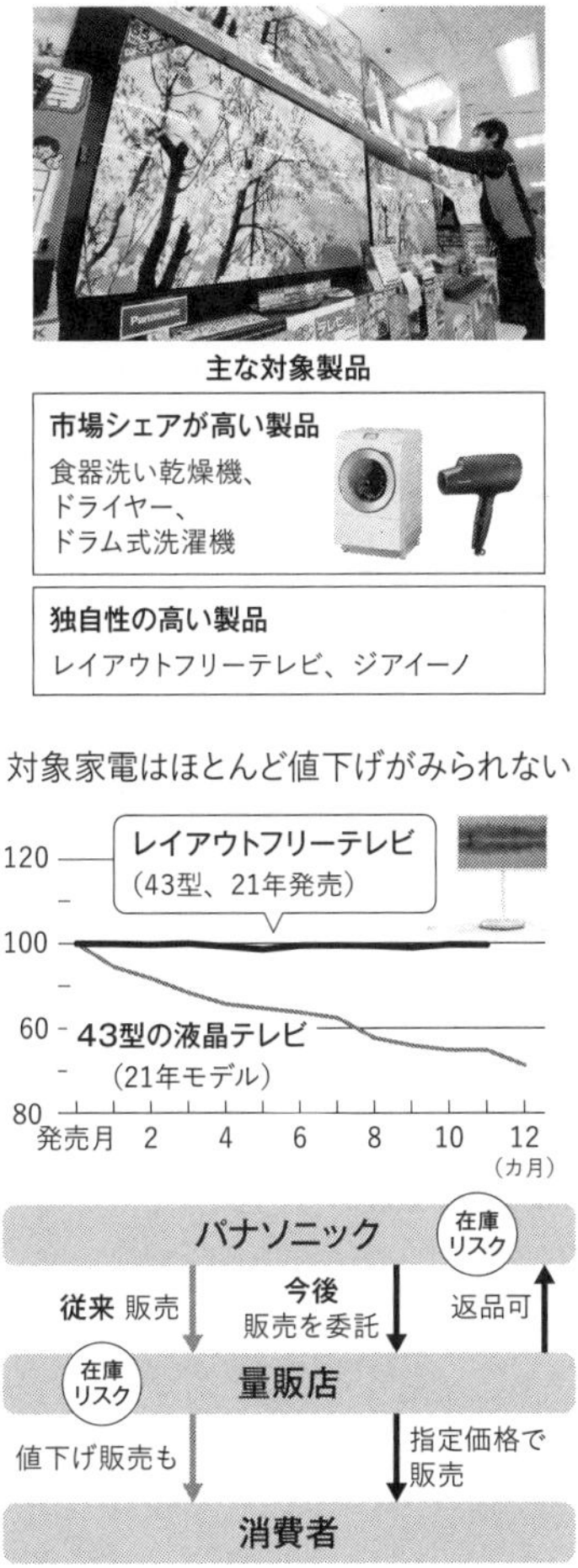

（注）発売月を100としてBCNのデータを指数化。店頭販売価格

新スキームは賛否が分かれる

消費者
複数店舗で値段交渉する
手間がなくなった
量販店
在庫リスクがなくなる。
接客にも集中できる
値下げできないなら
他社製品がいい
接客でしか違いを出せなくなる。
誘客の手段が減る
抜け道を見つけて、
実質値下げをする店も出るのでは

販売店との関係は大きな課題だった

1957年	系列店制度を確立
64年	家電を安値で売ろうとしたダイエーへの出荷停止
96年	ダイエーと和解。出荷を全面再開
2000年代	ヤマダ電機など大型量販店が拡大。店舗主導の価格競争が加速
2020年	一部製品で販売価格を指定する新スキームを導入

販売期間を2～3年程度まで伸ばす方針だ。黒物家電でも、パナソニックエンターテインメント&コミュニケーションの豊嶋明社長は「価値のあるものを届けられると判断したタイミングで投入する。消費者が望まない製品はつくらない」と強調する。

新スキームについて、家電量販店からは「競合店の価格調査をしなくてもよくなる。接客に強みのある会社にはプラス」など好意的な受け止めが目立つ。返品も可能になるため、「在庫を抱える必要がないのは財務の観点からもいい」（別の量販幹部）と前向きな反応も聞かれた。

一方、量販各社の幹部からは「顧客の要望に応えるのが小売りの仕事。安く買いたい人には値引きできる製品を勧める」との声もある。流通アナリストの中井彰人氏は、「海外メーカーは販促費を出すことをいとわない。中韓勢など海外メーカーの売り場を広げようとする量販店も出てくるだろう」と話す。

家電各社との競争に加えて、足元では原材料や物流の高騰などの逆風が吹いている。新スキーム導入により採算性は改善したとみられるが、値上げがどこまで消費者に受け入れられるか先行きは見えにくい。

松下幸之助はメーカーと小売りが疲弊する安売り競争を良しとせず、「共存共栄」を訴えた。1964年には、メーカーの希望小売価格を大幅に下回る値段で家電を販売しようとしたダイエーに反発し、製品出荷を停止した。

「適正な価格で適正にもうける」という幸之助の悲願を達成できるか。強い製品の開発、ブランド認知の強化、量販店との交渉などを同時並行で進める。

サプライチェーン改善に商機

持ち株会社制への移行と前後して、企業向けシステムが成長領域として存在感を増している。21年9月には米ブルーヨンダーを買収し、サプライチェーンを一気通貫で管理するサービスの提供に向けて準備が整った。製造業で培った知見にAIを活用した画像認識技術などを組み合わせ、顧客の工場や倉庫のムダを減らす。中韓メーカーとの競争が少ない分野で勝負する。

21年9月、大阪府茨木市の山地近くに建つ物流施設を訪れた。「ピッ、ピッ」。棚に段ボール箱が無数に並び、作業員が伝票のバーコードを読み取る音が響く。天井や台車には数十個のカメラが目を光らせる。

グループのノートパソコンなどの交換部品を約1000万個保管する彩都パーツセンター。効率化のヒントを求め、小売り大手や物流会社の幹部が足を運ぶ。

技術者と物流施設の従業員が組み、自前のシステムで倉庫業務を改善する。システムはカメラやセンサーなどで仕分けや部品の梱包にかかる時間を測り、作業量や生産性の推移をパソコンにグラフで示す。

各作業の映像を抜き出して確認でき、倉庫内のモノの配置や作業手順の修正に役立てる。19年は人件費などコストを1割削減した。

システムは継続課金型の汎用ソフトとして、カメラなどとセットで外販する。AIが映像から人やフォークリフトの動きのムダを洗い出すほか、作業量を予測し、従業員のシフトを自動作成する。一力知一エグゼクティブコンサルタントは「自社拠点での作業のデータをAIに学習させており、人の動きを高精度に分析できる」と話した。

物流だけではない。他社の工場にコンサルタントを派遣し、生産工程の改善点を見つけるサービスも手がける。電子部品の実装機などの製造ノウハウを生かし、顧客の課題に応じて生産の進捗や在庫を管理するソフトも提案する。設備の稼働率などを改善する。

顧客は海外企業を含め約250社で、「サービスは安定した収益が得られ利益率も高い」(プロセスオートメーション事業部の秋山昭博事業部長＝現パナソニックコネクト執行役員)。

企業向けシステム事業の売上高は20年度で約8000億円ある。源流はかつての花形、映像・音響部門だ。テレビを中心に成長を牽引したが、10年度以降は国内市場の低迷や韓国メーカーとの競争激化により不振に陥った。

津賀一宏前社長はBtoB事業の拡大を打ち出し、14年にテレビやオーディオ事業を分離し、業務用プロジェクターや航空機の娯楽システムなどを残して再出発した。

ただ、中韓勢や台湾メーカーが台頭し「モノ売り主体だと無理がある」(津賀氏)。津賀氏は16年に経営企画部長らと成長の方向性を探った。

「エンターテインメントか、それとも」。度重なる議論の末、定めたコンセプトが工場や倉庫を指す「現場」だった。翌年、実装機など製造設備事業を取り込み、部門トップには津賀氏が手腕を買った元日本マイクロソフト社長の樋口泰行氏を迎えた。

樋口氏が目指したのが、生産や販売のデータをまとめて分析し、指示を出せるソフトの獲得だ。映像・音響部門で磨いたカメラや画像認識技術をソフトとセットで顧客に提供し、データの収集から管理までトータルで手がけることを狙った。複数社と接触した末、商品の需要予測や在庫管理に使うソフトを手がけるブルーヨンダーの完全子会社化に総額約8600億円を投じた。

ブルーヨンダーは独自のＡＩが強みだ。店舗での商品の売れ行きをもとに工場に生産品目の優先順位を伝えるほか、取引先の工場の稼働状況や気象といった外部データも取り込み、供給網のリスクを分析する。ブルーヨンダーの当時の幹部は「パナソニックとともにＡＩがサプライチェーンの混乱を予測し解決する『オートノマス・サプライチェーン』を実現する」と語っていた。

樋口氏は「企業向けシステム事業はＥＢＩＴＤＡ（利払い・税引き・償却前利益）で断トツになって全社を引っ張る」と意気込む。いまのところはＩｏＴ基盤「ルマーダ」を擁する日立製作所のＩＴ事業や、独シーメンスの工場自動化システムの部門と比べると、収益力が見劣りする。

企業向けシステム事業は22年4月に事業会社パナソニックコネクトとして船出した。公共施設向けの顔認証システムや店舗の決済端末、放送用カメラなど様々な商材を抱え、それぞれＮＥＣや東芝テック、ソニーグループといった競合と向き合う。成長を牽引する柱になるには、各分野で優位を築く地道な取り組みも欠かせない。

ＥＶ電池、脱「テスラ依存」へ

成長戦略のもう一つの柱である車載電池事業は新たな局面を迎えている。鍵を握るのは開発中の新型電池「４６８０」だ。従来品よりも生産コストを抑え、ＥＶ大手テスラ以外への供給も探る。テスラ向けは20年度に黒字転換し、収益確保のめどをつけた。今後は新型電池で顧客企業を本格的に増やし、中国や韓国の電池大手に対抗する。

４６８０はテスラが構想した直径４・６センチ、長さ８センチの円筒形で、直径が従来品の２倍以上と大きいのが特徴だ。テスラの要請を受け、パナソニックＨＤが単独で開発を進めてきた。社内からは「テスラ以外からも引き合いがかなり来ている。世界標準の電池になれる可能性は高い」と期待する声が聞かれる。24年度上半期中に日本国内で量産を始める。

ＥＶ用の円筒形電池は主にテスラ向けに供給してきた。ノートパソコン向け製品を基に開発し、テスラ車１台に数千本を載せる。効率的に作れる一方で、大量の電池を組み込む際に溶接する手間がかかり、制御も難しい。このため角形やラミネート形の車載電池を使う自動車メーカーが大半だ。

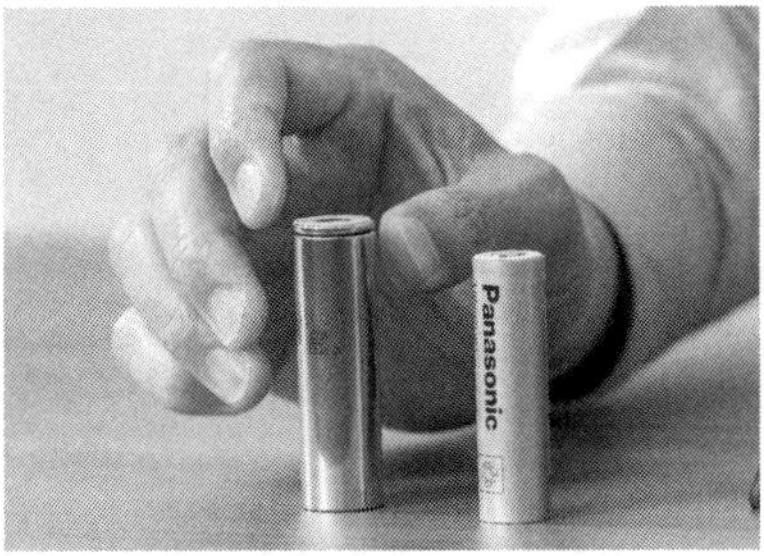

テスラのEVは1台に数千本の
パナソニック製電池を使う（パナソニックHD提供）

４６８０なら効率生産など丸形電池の利点を生かしながら搭載本数を減らし、作業の手間や原材料の無駄も減らせる。元電池技術者は「生産コストが１～２割ほど減る」と予想する。津賀氏は「テスラ以外にも出せないと需要変動のリスクが大きい」と語る。

車載電池事業の23年3月期の売上高は６５４１億円で、テスラと共同運営する米電池工場が主力だった。「正極材」の独自技術を生かした大容量の電池を得意とし、みずほ銀行の湯進主任研究員は「容量と安全性を両立した電池で一日の長がある」と評価する。

これまではテスラやトヨタ自動車と関係を深めてきた。トヨタとは1996年にハイブリッド車向けニッケル水素電池の会社を共同で設立し、2020年にはトヨタ子会社と角形リチウムイオン電池事業で連携した。トヨタは30年までに電池を含むEV関連に5兆円を投じる計画で、パナソニックHDと共同出資する電池子会社を電動車戦略の中心に据える。

売却対象から主力事業へ

電池事業の源流は戦前に生産を始めたランプ向け乾電池にある。繰り返し充放電できる蓄電池は鉛蓄電池を手始めにニカド電池やニッケル水素電池と、高容量の電池を開発してきた。リチウムイオン電池は1994年に量産を始めた歴史の浅い電池で、2000年代の前半は品質の不備や工場火災が相次いだ。あるOBは「一時は事業売却の議論もあった」と振り返る。

風向きが変わったのは2000年代の終わりだ。当時の大坪文雄社長は「環境革新企業を目指す」と打ち出し、電池を成長エンジンと位置づけた。09年には当時リチウムイオン電池で世界シェアが3割超に達していた三洋電機を買収した。そして10年に約1000億円を投じて大阪市に電池工場を建設し、販売先に選んだのがテスラだった。

テスラとは09年にEV用電池の供給契約を結び、14年に米工場の建設に乗り出した。2000億円以上を投じながら赤字続きだったが、21年3月期にようやく黒字化。売上高営業利益率も22年3月期は5％を超えた。一方で19年に稼働したテスラの上海工場には中国・寧徳時代新能源科技（CATL）と韓国・LGエネルギーソリューションが参画し、テスラに電池を独占供給する構図は崩れた。

テクノ・システム・リサーチ（東京・千代田）によると、世界の車載電池市場ではCATLがシェア首位だ。リン酸鉄系の安価な角形電池が主力で、中国のシェアは約5割に達する。LGなど韓国企業の存在感も大きい。

名古屋大学未来社会創造機構の佐藤登客員教授は「財閥系で資金力があり、投資判断が速い」と評価する。足元の売上高成長率は中韓勢がパナソニックHDを上回る。

21年10月には車載電池に加えてデータセンターなどに使うリチウムイオン電池、乾電池を結集した電池部門を発足させた。トップには経営企画部部長や電子・機械部品事業の幹部を務めた只信一生氏が就いた。只信氏は持ち株会社への移行後、事業会社パナソニックエナジーで社長に就いた。

只信氏の前には構造的な課題が立ちはだかる。先行投資がかさみ、需要が落ち込めば業績が悪化するリスクは否定できない。レアメタルなど材料費が収益を圧迫し、自動車メーカーからの値下げ圧力は強い。4680を世界標準にするための道のりも険しい。様々な困難を抱えながら、パナソニックHD全体を牽引する期待を背負う。

Column

米新工場・現地ルポ「ワープのような速さで進んでいる」

車載電池事業では米国で集中的な投資が始まった。22年11月には現地で2カ所目となるカンザス州の新工場を着工している。EVの航続距離を伸ばしたい米テスラから今後もハイエンド電池の受注が見込まれる。ただ、22年の車載電池のシェアは中韓勢の攻勢を受けて3位から4位に順位を落としたもようで、EV市場の急拡大に伴い投資競争は激しさを増している。最前線となる米国の現場を訪れた。

「近づきすぎないで。フェンスから距離をとってください」。23年1月上旬、米中西部カンザス州のデソト市でパナソニックＨＤの新工場予定地の写真を撮ろうとすると、車で近づいてきた工事関係者からこう指示された。しばらくすると数百メートル先で爆発が起き、上空10～20メートルほどまで土煙が上がる。工事の妨げとなる大きな岩などを除去しているのだという。

パナソニックHDの新工場予定地では土地造成が進んでいた（23年1月、カンザス州デソト市）

新工場の建設に約40億ドル（約５２００億円）を投じ、24年度に稼働する。かつては弾薬工場だった土地の一部で、東京ディズニーランドのパークエリアの2倍以上の面積に相当する。30ギガ（ギガは10億）ワット時程度の生産能力で、完成すればパナソニックＨＤの世界生産能力は１・６倍に拡大する。

デソト市は人口約６３００人の小さな町で大きな産業はない。１９８０年代から暮らすリック・ウオーカー市長は「パナソニックＨＤが（電池やＥＶなど）関連産業の呼び水になる。10年後には町の経済は大きく成長しているだろう」と話す。宿舎やレストランなども増えると見込み、すでに近くの高速道路から工場予定地へ向かう道路の拡張工事が始まった。

市長が経済効果に期待を寄せるのは、新工場がテスラの旺盛な需要に対応し、順調に生産を伸ばすとみているためだ。最高経営責任者（CEO）のイーロン・マスク氏は30年に、現在の年間販売台数の10倍以上にあたる年2000万台の生産目標を掲げる。電池の生産が追いつかず、パナソニックHDのある幹部は「テスラからは作った分だけほしいと言われている」と話す。市場の伸びは大きく、調査会社の富士経済（東京・中央）の予測によると、30年にEVの世界市場は21年比7・4倍の3485万台に拡大する。

ただ、車載電池は中韓メーカーの勢いが強い。調査会社のテクノ・システム・リサーチ（東京・千代田）によると、22年のパナソニックHDの車載電池シェアは中国のEVメーカー、比亜迪（BYD）に抜かれ、初めて4位に順位を落としたとみられる。21年は12％と世界3位。最大手の中国の寧徳時代新能源科技（CATL）が約39％で首位で、韓国LGエネルギーソリューションが18％で続いた。パナソニックHDは18年には23％で世界首位だった。

テクノ・システム・リサーチの藤田光貴氏は「中韓勢や新興勢はまず投資をして、その後に客を探す。これまでの常識では考えられない。今までにない規模で投資をしている」と指摘する。豊富な資金力で素早く意思決定をする中韓勢に対抗しなくてはいけない。

それでも長く先頭ランナーとして走ってきた強みを失ってはいない。パナソニックHDの車載電池の体積エネルギー密度は1リットルあたり760ワット時と円筒型では世界最高水準とされる。30年までに1000ワット時に高める計画。単純計算でテスラの「モデル3」で200キロメートル程度、航続距離が伸びる。移動距離が長い北米は1回の充電で、より長い航続距離が求められ、高容量に強いパナソニックHDは依然優位にある。

投資決定のスピードも速くなった。カンザス工場の交渉に関わったカンザス州の副知事で商務長官のデイビッド・C・トーランド氏は「この規模の案件がこれほど早く進むのは珍しい。ワープのような速さだった」と振り返る。関係者によると現地との具体的な交渉が始まったのは21年秋で、22年6月には決定した。

22年4月に持ち株会社制になり、電池事業子会社として発足したパナソニックエナジーも権限が強くなった。かつて研究開発はグループで、工場は事業部でとばらばらに管理されていたが事業会社のもとに集約された。社内の会議で不要な事前説明を省くなど改革を進めており、只信一生社長は「自分で決めて即座にやる。事業展開の速度、（経営を）ジャッジする速度は格段に速くなった」と強調する。

米国に注力したことで思わぬ追い風も吹いている。ＥＶ産業を誘致したい米国政府が、電池への補助金を増やしているためだ。テスラと共同運営するネバダ州の工場が対象となる見込み。自治体も前のめりで、カンザスでは州や市からの税控除などの補助は総額10億ドルに達する可能性がある。

一方でネバダ州の工場での苦い経験はいまも記憶に新しい。テスラとは14年に工場建設で合意し、パナソニックＨＤは約２０００億円を投資したが、量産は軌道に乗らなかった。テスラの生産計画が遅れた影響もあるが、電池製造に不可欠なベテラン生産技術者が少なかったことも理由だ。

円筒型電池は車１台あたり数千本を搭載し、化学的な知見だけでなく大量生産を支える機械技術や電気技術者、現場作業員の熟練度が生産効率を大きく左右する。パナソニックエナジーの渡辺庄一郎最高技術責任者（ＣＴＯ）は「日本の生産ラインには10年選手がごろごろいる。米国ではそれは望めない」と話す。

ネバダの轍《てつ》を踏むまいと、カンザスでは職業訓練校と連携し、電池専門人材を育てるカリキュラムなどの創設を検討している。従来は自動化の必要が無かった生産ラインの設備も自動化を進め、稼働に必要な人員をできるだけ抑えようとしている。関係者によると必要な人員は２割前後減らせる可能性がある。

テスラは23年１月下旬、電池の増産や電動トラックの量産に向け米ネバダ州の工場に36億ドルを投資すると発表した。パナソニックＨＤは当面関与しないもようだ。テスラが電池を内製したり中韓勢から供給を受けたりする可能性があり、米国での競争は日増しに激しくなっている。

私はこう見る

事業会社、財務規律を徹底

梅田博和●CFO

持ち株会社制で事業会社の権限が広がれば、グループの統制は難しくなる。パナソニックHDの梅田博和CFO（最高財務責任者、現副社長執行役員グループCFO）は「財務、人事、コンプライアンスがガバナンスにおいて重要だ」と話す。独立性と規律をどう両立させるかを聞いた。

——事業会社の独立性は高まります。規律をどう保ちますか。

「資金と人と法律という3つの軸がグループのガバナンスで重要だ。CFOとして財務的な横串を通す役割が当然ある。今は事業に対していろいろ口を出しているが、新体制ではグループガバナンスの視点を重視する。事業の専鋭化が目的なので口うるさく言うのではなく、グループ全体からの意見を出していく。もちろんグループへの影響が大きい規模の案件は、持ち株会社の取締役会にかかる」

――キャピタルアロケーション（資金配分）の考え方は、どう変わりますか。

「事業会社の株を１００％握る状況では、キャピタルアロケーションは持ち株会社が考える。『このままパナソニックＨＤにいても、我々の部署に資金が回ってこない』といった意見は歓迎する。グループとしてどう判断するかは、持ち株会社の取締役会の役割だ」

「今はすべて１００％子会社でスタートするが、あらゆる可能性は排除されていない。いろいろな資金の調達法は議論する価値がある。事業の力をつけた上で米ブルーヨンダー買収のような案件が出てきた場合、グループで実行するかどうか議論すべきだ。現時点で決まったことはないが、永久に１００％を維持するということも決まっていない」

――これまでも他社への事業売却などはありました。

「パナソニックグループの枠内でやるのがいい事業と、そうでない事業がある。典型例が住宅だ。住宅は10年から20年かけて土地を開発する。メーカーの発想では、そこにリソースを割り振れない。当社の枠を離れて住宅の時間感覚で金融機関から借り入れをすれば、成長していける」

「角形電池も、同じかもしれない。先行の設備投資を実施して何年かで回収する形だ。電動化の大きな流れを受けて、投資は巨額になる。そういうものを我々の100％出資で実行すべきかどうか。様々な資金調達の方法を視野に入れて考えて、事業にとって良いやり方を模索する」

――楠見社長は「非財務指標」を重視しています。

「財務指標が大事でないというわけではない。結果の数字ばかりに目が向くと無理な受注など『ゆがみ』が生まれてしまい、中長期的な成長につながらない。本質的な競争力の強化につながる非財務指標を鍛えれば自然に結果はついてくる。そんな発想だ」

「津賀前社長の時代に7000億円を超える最終赤字を出し、1つの事業で300億～400億円の赤字を抱えるものもあった。そんな状況で非財務指標の重視を打ち出しても『他にやるべきことがある』となってしまうので、営業利益率5％や赤字撲滅、固定費削減を打ち出してきた。利益率が5％を超える状況になれば次の目標を7％にするのではなく、止まらずにどんどん限りなく行く。これが楠見社長の考えだ」

うめだ・ひろかず
1984年明治大学商学部卒。松下電器産業入社。経理・財務担当として津賀前社長の構造改革も進めた。2017年CFOに就任。

第 3 章

多様化する社員、進化する働き方

女性管理職、消費者目線に導く

各事業会社が独自色を強め、パナソニックホールディングス（ＨＤ）は再起に向けて動き出したように見える。だが、「器」を用意しても、中身の「人」が変わらなければ成長につながらない。現状を打破するため、奮闘する女性や若手、外国人社員たちの現場に迫る。

「建材に断熱材をいれておきましょうか」「照明はＬＥＤにしましょう」。住宅事業を担うパナソニックアーキスケルトンデザインの森喜穂子氏が住宅メーカーに次々と提案していく。生活者目線での助言に住宅メーカーも信頼を寄せているようだ。構造計算を担う森氏は、１級建築士の資格を持つだけでなく、10人ほどのメンバーをまとめるリーダーだ。「建築業界はまだまだ女性が少ない」と話す。

資格を取ったのは2人目の子どもの産休中だった。建築業界で女性がより活躍していくために、「子どもができてもキャリアを続けられることを示す必要がある」との思いが原動力となった。

職場もチャレンジを後押しした。育児のため時短勤務を余儀なくされる時期もあったが、「時間は限られるが、森さんしかできないことに集中してほしい」という上司の言葉にも支えられた。

隙間時間を使って1級建築士の資格を取得したことで、オフィスや店舗の設計まで仕事の幅が広がった。建築現場の課題である人手不足に対応する新たな工法も提案する。

森喜穂子氏は産休中に1級建築士を取得し、業務の幅が広がった

生活関連の商品やサービスを多く扱うパナソニックＨＤは、女性の目線が欠かせない事業が多い。その一方で女性管理職は少ない。係長級以上は２０２２年にようやく1割を超えた程度にとどまる。

女性管理職が増えない理由のひとつが、ロールモデルが少ないことだ。家電事業のくらしアプライアンス社で洗濯機などの開発部門をまとめる大村優子氏も「入社したころ開発にいた女性は私くらいだった」と語る。

大学で繊維や洗浄のメカニズムを学んだ大村氏は洗濯機の開発一筋のキャリアを歩んできた。「衣料品の特性や種類、洗った後の仕上がりについては女性のほうが意識が高い」との信念を持ち、男性ばかりの職場で地道に開発を続けてきた。

消費者がどのように洗濯機を使っているのか調査する業務に就いたこともある。こうした知見を生かして、スマホで洗濯機を操作したり、状況を確認できたりするサービスにも取り組む。「洗う機能は変わらなくても、まだまだ進化の余地はある」とみる。

大村優子氏は一貫して洗濯機の開発に取り組んでいる

開発体制の管理とともに、人材育成に心を配る。「育児などで時間的な制約があるのは前提だが、制限をかけすぎると女性社員のやりがいを奪ってしまう」。できる範囲で業務を任せながら、成果をみて評価する。配慮のしすぎがマイナスに働くこともあると感じている。「入社したころ女性だったことで気を使われすぎたのか、先輩からあまり指導をしてもらえなかった」との思いがあるという。

車内の空間にも消費者の視点

「BtoBの自動車部品の事業でも、新しい商品を提案することができるのではないか」。パナソニックオートモーティブシステムズでビジネスユニット長を務める大田馨子氏は、もともとは美容商品や音響機器など消費者向け製品のデザイナーだった。

「車に関わる商品企画の仕事に興味はないか」。20年ごろ、現在のパナソニックHD社長である楠見雄規氏に声をかけられた。「車内の空間づくりに消費者の視点がどうしても欲しい」と楠見氏は考え、大田氏に白羽の矢が立った。

大田馨子氏は車内の空間づくりに消費者の視点を持ち込んだ

大田氏が手がけてきた音響、特にスピーカーはパナソニックHDにとって90年以上の歴史を持つ事業。いまスピーカーが最も使われているのは車内のカーナビや音楽向けだ。こうした音をいかに快適に聞いてもらうか。利用者の目線が求められていた。

高齢層向けの空間づくりであれば、例えば長年培ってきた音響技術が生かせる。運転手の耳元に左右独立したスピーカーをとりつけて、救急車が近づいてきたら、外部のマイクで取り込んだ音を聞こえやすい音量に調整する。どの方向から救急車が近づいてきているかがわかるように、運転手の耳元に響かせる。

自動車部品事業はメーカーからの要求や仕様を満たしつつ、できるだけ安く提供することを追求してきた。「新しいものを提案して、自分たちで販売する文化はなかった」と大田氏は振り返る。他部門から移ってきただけに、社員の発想を変える役割も求められるようになった。積み重ねてきた仕事のフローが定着し、実績も出してきた職場の社員に、新たな意識を植え付けるのは時間も労力もかかる取り組みだった。

「消費者向けのアンケートの質問をつくるコツから始めましょうか」。社内に消費者目線の文化を根付かせるために講座を開いて教えた。自らの知見をまとめたテキストも用意して、多くの人に見てもらえるようにしている。

女性も働きやすい環境づくりを進める

昇格試験を廃止し公募制（コネクト） 係長、課長、部長級を公募制（インダストリー）	ライフステージを考慮して公募に手をあげられ、育児との両立もしやすく
国内ならどこでも勤務可能（インダストリー）	半月までなら手続きの必要なし。育児や介護との両立や私生活の充実も
次期リーダー向けにメンター指導（コネクト）	女性管理職のロールモデルを描けるようにメンターの指導を21年から実施
マネジメント向け勉強会（コネクト）	部長級などの意識改革を目的とした勉強会開催

1200もの役割定義書を作成

女性管理職を育てるには、女性も働きやすい環境づくりが欠かせない。各事業会社が取り組みを急ぐなか、先頭に立って牽引する一人が、電子部品を手がけるパナソニックインダストリーで人事戦略統括部長を務める栃谷恵里子氏だ。「女性社員などをより輝かせるには『適所適材』の考え方が必要だ」。パナソニックインダストリーは、係長、課長、部長各級の役職に公募制を導入している。若いうちから役職を目指せるようにすることで、仕事に向き合う意識を高めてもらう。子育て中の女性を含め「全員が活躍できる会社にすることが目標」と栃谷氏は力を込める。

公募制にあたってそれぞれの役職の役割を明示するため、1200もの役割定義書をつくった。業務の内容はもちろ

「多様な働き方を実現したい」と語る
パナソニックインダストリーの栃谷恵里子氏（左）

ん、顧客との向き合い方や製品に関わる周辺知識など、仕事へのこだわりにまで踏み込んだ。

栃谷氏もすべての役職の仕事内容を把握していたわけではない。「この部署の課長に求められるスキルは何ですか」「扱う製品の他社に比べた強みはどういったものでしょうか」。役割定義書をつくるために話を聞いた社員は400～500人。ヒアリングに1回あたり4～5時間をかけるほど力を入れて取り組んだ。

役割定義書の一部を公開すると、社員からの反響は大きかった。「課長級以上のものしか見られないが、係長級の情報はないのか」。これまでは機会がなかっただけで、場を与えられるのであれば自らの力を試してみたいという情熱が現場には眠っていると痛感した。会社を前に進める推進力になると栃谷氏は考えている。

女性管理職のロールモデルをつくる

現場の情熱をさらに高めるため、社員のスキルアップの仕組みにも目を向ける。「学ぶ機会もすべての社員に提供したい」。場所や期間を限定せず、eラーニングを活用しながら誰もが学べるプラットフォームも用意した。選抜されたり上司が認めたりした人に研修機会を限定するのではなく、自分の意志で研修を受ける時期を選べる。産休や育休などでやむを得ず現場を離れている女性社員たちを引き上げる環境を整えている。

「どこでも研修」の仕組みを導入した途端、研修を受けたいと希望する社員が大幅に増えた。eラーニングに導入した自己啓発研修の希望者は約4000人と、インダストリーの社員の約3分の1を占めた。「これほど学ぶ意欲がある社員がいたとは」と栃谷氏は驚く。

パナソニックインダストリーの場合、昇格選考にかかる期間は4～5カ月。子育て中の女性などは時間に余裕がなく、キャリアアップを後回しにした結果、昇格そのものをあきらめてしまうケースもあった。

企業向けシステムを手がける事業会社、パナソニックコネクトはすでに昇格試験を取りやめた。子育て中の女性らにとって負担が大きいとみたためだ。

女性の部長級、課長級の社員はまだまだ少なく、「ロールモデルがあまりいないことも大きな課題」と栃谷氏はみる。目指すべきキャリアを明示し、女性マネジメントを登用するための「スポンサーシップ制度」も立ち上げた。役員クラスがマネジメント職を目指す女性社員の指導役となり、1対1で半年間ほど家庭との両立や人をまとめていく上での悩みを相談できるような仕組みだ。社内にロールモデルがいないのであれば社外でも探せるよう、基幹職には社外メンター制度も取り入れた。

女性管理職を育てる取り組みは、HD内の各所で広がりつつある。それぞれの事業会社がどんな取り組みをしているか、課題や解決策をどのように考えているかを知るための情報交換会も開いている。会合の呼び名は「女性幹部の会」。楠見社長が主催し、7人ほどが参加している。

パナソニックオートモーティブシステムズの大田馨子氏もそのひとりだ。オートモーティブシステムズは女性社員の比率を高めることから始める必要がある。その上で出産や介護で離脱する人をゼロにすることを目指す。事業会社ごとに女性活躍に向けた進捗は異なり、すべての話が参考になるわけではない。それでも事業会社が直面する課題は、後々の参考になる。大田氏自身もロールモデルとして社内の講演などで発信する機会が多くなった。

松下幸之助は、洗濯機などの家電をつくり、提供することで家事から女性を解放することを目指した。いまのパナソニックＨＤは、職場で働く制約を可能な限り取り除くことで、女性社員の潜在能力を引き出そうとしている。生活に密着した製品・サービスを多く扱う企業だからこそ、さらなる成長に向けた足取りを加速するには女性の力が欠かせない。

若き開拓者、「Ｚ世代」を取り込む

「Ｚ世代」を中心とした若者世代の市場開拓も欠かせなくなっている。価値観の多様化などを背景に、若年層でパナソニックのブランド認知度が低下していることへの危機感は強い。若者世代が魅力的と感じる新たな商品やサービスを生み出すには、感性が似ている若い開拓者が不可欠だ。これまでの常識や慣習などにとらわれることのない柔軟な発想を取り込もうとしている（年齢は新聞掲載時）。

渡辺健太氏は小中高生向けに開いている
ワークショップで光の楽しさを伝える

「光には無限の可能性がある。研究すればするほど奥深い」。光の話を始めた途端、パナソニック傘下のエレクトリックワークス社で照明の企画・技術を担う渡辺健太氏（35）の目は輝きを増した。

照明の機能は空間を明るく照らすだけではない。明度を調整して淡い光を明滅させることで、たき火のような明かりを表現することも可能だ。自然現象を模した照明の光は、利用者の心を落ち着かせる。渡辺氏はこうした光の可能性を追い求めてきた。

渡辺氏の手に握られていた多面体の小型照明器具「イリューム」は、照明の可能性を広げる自信作だ。光の色や明度、明滅をプログラミングすることで、多面体の一部の面だけを光らせたり、色を様々に変化させたりできる。この商品の特性は、小中高生向けに開いているワークショップで生かされている。光の明滅や色合いの変化で、どのような表現を生み出すか。創造性や芸術性を磨くことにもつながる。

渡辺氏はいわば光の楽しさを伝える「伝道師」だ。「生命感のあるものを作ってみましょう」。生徒を前にして、渡辺氏はこんな問いかけから始める。手元にはイリュームと、綿や針金など数十種類の雑貨を用意している。いくつかの選択肢を選ぶことで、イリュームの光らせ方を自分のイメージに合わせて調整できる。簡単なプログラミングをできるツールを使い、自分なりの生命感を表現して生み出すのは、まさにアートの世界だ。

子どもたちは数人ごとのグループになって、自由に手を動かしながら試行錯誤を繰り返す。「でき上がった作品に正解はない」と渡辺氏は言う。参加した中学生は「プログラミングは初めてだったが、アートと結び付けることで楽しく実践できた」と話した。教育の現場に照明を持ち込むことで新たな市場を開拓しつつ、子どものころからパナソニックの商品に触れてもらうきっかけづくりもできる。

若者にとって身近なパナソニックブランドの商品といえば、洗濯機や冷蔵庫、ドライヤーなどの家電が代表例だろう。若者が毎日のように手にとるスマートフォンやゲーム機を扱っておらず、2021年に実施した社内調査では、20代の「パナソニック」ブランドの認知度が5割強にとどまった。

HD傘下でテレビやカメラなどを手がけるパナソニックエンターテインメント&コミュニケーションの豊嶋明社長も「若者に根ざした商品の少なさがブランド認知度に表れている」と認める。だからこそ若者との新たな接点を模索し続ける必要がある。渡辺氏の取り組みはその典型例といえる。

入社4年目の「スペシャリスト」

豊嶋社長が率いるパナソニックエンターテインメント&コミュニケーションは若者認知度の向上という命題に最前線で向き合う。まだ参入したばかりのワイヤレスイヤホンの開発で存在感を示しているのが、入社4年目の音のスペシャリスト、田中悠氏（28）だ。

「ヘッドホンの開発に携わってほしい」。入社直後に指示を受けた際、田中氏は驚いたという。パナソニックは家電や住宅のイメージが強く、インターホンや電話機などの音響設計に関わるのだろうと漠然と考えていた。

配属されてみると、新たな事業の立ち上げに関わることがわかった。喜びを感じるとともに身震いもした。「一番良い音を追求する」とし、パナソニックの高級音響ブランドであるテクニクスの名に恥じない商品に仕上げなければならない。音という感性を言葉で説明する難しさに悩んだこともあったが、ピアノやバンドで音に親しんできた自らの経験を生かせる道でもある。

田中悠氏はワイヤレスイヤホンの音響設計に携わっている

高級品のイメージが強いテクニクスブランドの音響機器は、若者には手にとりづらい商品だった。技術の伝統を生かしつつ、若い人にも使ってもらえる商品とは何か。考え抜いた末にワイヤレスイヤホンにたどりついた。

企画から1年、初代の製品が市場に出ると、次の商品開発が始まる。田中氏は2代目の商品に音響設計の立場で携わった。音質に妥協しないため先輩や他部署の技術者とも臆さず意見を交わし、ときには改善も求めた。

「若手が活躍できる場所と機会を提供できる体制は整って

いる」。田中氏は入社してからの4年間をこう振り返った。蓄積した技術や伝統は踏まえつつ、挑戦を前向きに後押ししてくれる風土があると感じたからだ。技術を伝承し、挑戦を許容する伝統をつないでいくためにも、若手の育成は欠かせない。それが20年、30年先の成長につながる。

白物家電も「サブスク」で提供

「食洗機を使ったことがない人はまだ多い。どうすれば手に取ってもらえるだろうか」。くらしアプライアンス社の中村あゆみ氏（30）は21年4月に白物家電の事業部門に異動すると、定額利用のサブスクリプションサービスに取り組んだ。

食洗機は家事を大幅に楽にできる一方、価格は8万円を超える。置き場所にも悩む商品のため、「使ってはみたいけれど、なかなか購入に踏み切れない」商品だった。それでも一度使えば便利さがわかり、最終的に購入につながるケースもある。初期投資の負担が少ない定額利用との相性が良いことも、消費者調査などでわかってきた。

もともと中村氏はテレビなど黒物家電の企画を手がけていた。「テレビは4Kや8Kのような技術革新がどんどん進むため、新技術にあわせて商品が企画されていく。これに比べると食洗機のような白物家電の世界は比較的慎重だ」と感じていた。

時間軸が異なる分野で新たな施策をどう打ち出していくか。「うまくいかなかったとき」を考えるのではなく、「どうすればうまくいくか」という目線で、様々な社内の担当者と議論を重ねた。

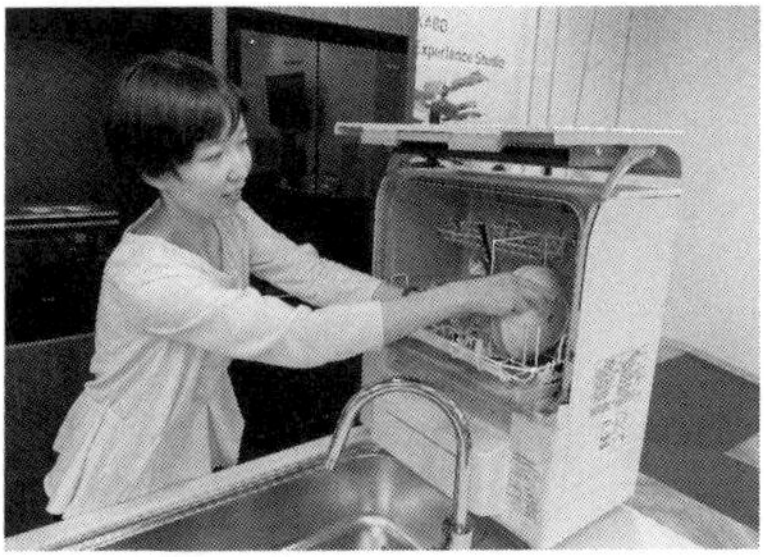
中村あゆみ氏は食洗機のサブスクサービスの旗振り役に

「売り切り型」から「貸し出し型」への転換で、取り巻くサービスも大きく変わる。顧客サポートなど乗り越えなければならない課題は多い。

「定額で利用してみたものの、結果的に使わなくなった商品が戻ってきたときにどうするのか」。これまで新品の製品販売しか経験のない担当者の疑問に一つ一つ答えた。ときには自ら食洗機を洗浄するという。どの部品の消耗が激しいかといった課題を自ら探し、丁寧に説明することで少しずつ理解者を増やしていった。

食洗機のサブスクが始まって1年弱で、数千件の利用があった。パナソニックの食洗機はスペースをあまり使わずに設置できる機種があることも、消費者は手に取ってみなければわからない。「サブスクを通じて20代や30代に食洗機をもっと使ってもらいたい」と中村氏は話す。

31歳でマネジメント職に

若くしてマネジメントの立場になった女性もいる。パソコンの営業を担うパナソニックコネクトの尾沢侑香氏（32）は22年4月、31歳で課長に昇格した。40歳前後で課長になることが多いパナソニックHDの中では、異例の若さだ。

もともと尾沢氏は大学生向けにパソコンの営業を手がけていた。上司が方針を決めて、先輩の指示通りに営業活動をすることが多かった。「自分の力を試してみたい」。自ら手をあげて法人向け営業への異動を希望した。あえて退路を絶って「新たな環境で再スタートしたい」との思いもあった。

法人営業では何度も挫折を味わった。「肩に力が入りすぎて、顧客企業にうまく寄り添えなかったこともあった」。顧客企業が展示会になかなか来てくれず、悔しい思いをしたこともある。

そんな中で営業の仕方を変えていく。パソコンを売るだけにとどまらない付加価値をどう生み出すか。データの遠隔消去やバッテリー交換のアラートなど、サービスを付加することで徐々に成果をあげていった。さらにパナソニックＨＤの働き方改革の取り組みなどの知識を身につけ、顧客企業にパソコンを売り込むだけでなく、働き方改革を助言するところまで営業の幅を広げた。

尾沢侑香氏（左）は
「『物をつくる前に人をつくる』という松下幸之助の言葉の重みを身にしみて感じるようになった」という

人材獲得や離職防止のために働き方改革を進めようとする企業は多い。リモートや在宅での勤務・会議などパソコンを使うことで進められる働き方改革を提案するアプローチは一定の効果があった。「尾沢さんは働き方改革に強い」という口コミが広がり、ときには自分の顧客ではない企業で、失敗談を踏まえて講演することもある。

創意工夫や地道な努力が評価され、上司から課長昇格の試験を受けることを勧められた。「まだ早い」との思いはあったが、これまで以上に顧客の役に立てるのであればと挑戦してみることにした。

「これまでは営業のスペシャリストであれば良かったが、これからは後輩にもきちんと責任をもって向き合わなければならない」。自身の経験を生かして営業の助言をし、ときには営業活動に同行することもある。年齢が近いからこそ、後輩の悩みにも接しやすい。人材育成の難しさと楽しさの双方を感じており、「『物をつくる前に人をつくる』という松下幸之助の言葉の重みを身にしみて感じるようになった」と笑顔をみせる。

若者の悩みに「歌」で寄り添う

若きマネジメント層の台頭など、会社を前に動かす新たな発想が少しずつ育まれつつある。若手社員を活用する動きに加え、消費者である若者の目を引き、「パナソニック」ブランドに関心を持ってもらおうとする仕掛けも始まった。

いまの若者は暮らしについてどのように考えているのか、数値で測ることのできない幸せをどう実現すればよいのか。若者に問いと対話で寄り添い、解きほぐしていく必要がある。21年秋、パナソニックＨＤが若者に向けて、生き方や暮らし方を問いかけるネット媒体「ｑ＆ｄ」が始まった。

田中麻理恵氏はZ世代に向けた歌の作詞を担当した

「多くの大人はパナソニックブランドの商品を使っており、コミュニケーションがとりやすい。だが若者とは身近に使ってもらえる商品が少ないこともあり、コミュニケーションがとりにくい」。ｑ＆ｄのメンバーであるパナソニックオペレーショナルエクセレンスの田中麻理恵氏（35）は、若者との接点の設け方に悩んでいた。

思いついたのが「歌」だった。田中氏にはもともと作詞などの経験があった。歌ならば口ずさんでもらいやすく、ＳＮＳ（交流サイト）や動画サイトなどで発信すれば多くの若者に親しんでもらえそうだと感じた。

若者がいま何を感じているか。どんな悩みを抱えているのか。実際に学生に話を聞いた。悩みがあっても気を使わせたくないから誰かに相談することはあまりしない。でも誰かが悩んでいたら力になってあげたい。いまの若者の等身大の姿が少しずつ輪郭を帯びていった。

そんな若者に寄り添える歌詞を田中氏は紡いでいく。「誰かがあなたを笑顔にするとき、あなたも誰かのチカラになるから」。ブランドスローガンを発信するCMと同じポップなメロディーにのせた柔らかな歌声。歌っているのはパナソニックHDグループ各社の社員たちだ。「年齢が違っても共感できる歌詞だった」「幸せに正解はない。それぞれの気持ちに寄り添う姿勢を伝えたい」。作詞にも歌唱にも一丸で真剣に向き合い、「ロードスター」と名付けた歌は22年11月25日に公開された。

Z世代の認知度が低いことは喫緊の課題であると同時に、パナソニックHDの伸びしろでもある。ブランドイメージが浸透していない世代を取り込むことは、今後数十年にわたる優良顧客を開拓することにもつながるからだ。こうした若年層を取り込む最前線に立つのは、目線が近い20~30代の若い世代。挑戦を後押しする企業風土が広がれば、成長への道筋は閉ざされない。

グローバル人材の「衆知」を結集

パナソニックHDが掲げる成長事業の多くに共通するキーワードが「環境負荷の軽減」だ。特に環境への意識が高い海外では大きな需要が期待できる。この成長領域を伸ばすには、外国籍を含めた多様な人材の「衆知」を集めることが欠かせない。

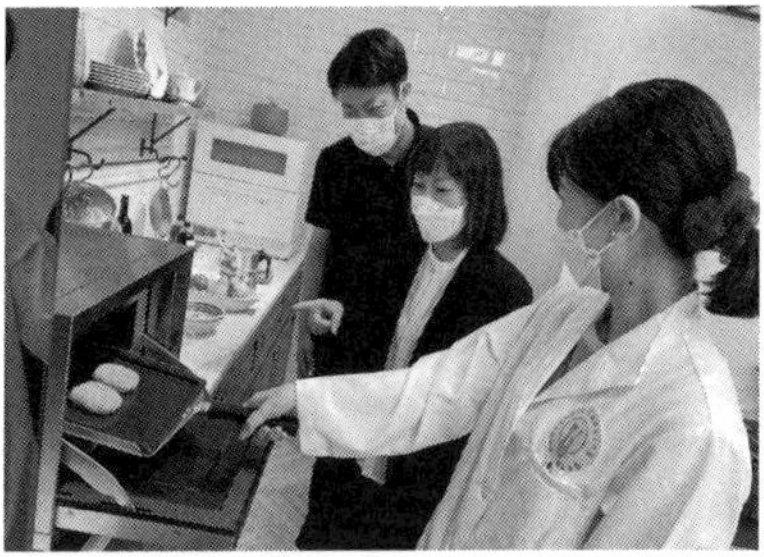

唐賜紅氏（中）は業務用レンジで国内外の大学や企業の食堂のフードロス問題に向き合う

「冷凍食品とパナソニックの業務用レンジを活用することで、フードロスの課題の多くを解決できます」。22年9月にドイツで開かれた展示会。来場者からの反響の大きさに、くらしアプライアンス社の唐賜紅氏は強い手応えを感じた。「日本の質の高い冷凍食品と業務用レンジを使えば数分でつくりたての料理のように調理できる。海外市場で冷凍食品のイメージを覆したい」と話す。

新型コロナウイルス禍の影響により自宅で学んだり、仕事をしたりするライフスタイルが世界的に広がった。利用者数が読みづらくなった大学や企業の食堂は、事前に仕込んだ料理を廃棄せざるを得なくなるケースが増え、フードロスが課題となっていた。

保存可能な冷凍食品なら注文を受けてから必要な量を調理すればいいので廃棄ロスは最小限になる。ホテルやスポーツ施設などに生かせるのはもちろん、人手不足対策としても期待できる。

香港出身の唐氏は日本の食べ物が好きで、日本の調理機器に携わりたいと考えて入社した。料理の腕前は料理人も満足させるレベルで、パンや揚げ物、様々な食材をおいしく調理するための研究を欠かさない。

海外市場を開拓しようとすると、現地の慣習や課題に精通している外国籍の人材がカギを握る。アジアを今後の重要市場と位置づけるパナソニックハウジングソリューションズは、中国や東南アジアからの採用を強化している。住宅のＩｏＴを牽引するマレーシア出身のヒュー・ズーシン氏はパナソニックの奨学金で来日し、中国語やマレー語など4カ国語を使いこなすグローバル人材だ。

住宅にIoTをどう取り込むか。ハウジングソリューションズでの部署横断の新たなプロジェクトがスタートした。上司から「アイデアを出すことが得意なヒューの力を生かせる」と推薦されて、プロジェクトチーム唯一の外国籍メンバーとして加わった。

マレーシア出身のヒュー・ズーシン氏は住宅分野でのIoTを進める

IoTを活用した床暖房を開発するなかで痛感したのは商品化するまでのスピードの大切さだった。連携先のスタートアップは要望を出せばすぐに動いてくれたが、規模の大きいハウジングソリューションズでは意思決定に時間がかかることに歯がゆさを感じた。

かねて指摘されてきた経営スピードの遅さは、持ち株会社制への移行により、各事業会社の自主責任経営が徹底されたことで改善されつつある。しかしグローバル市場で勝ち抜くには判断や意思決定のさらなるスピードアップが不可欠とズーシン氏はみる。

高橋氏（左奥）は海外拠点を経営するうえで、数字ベースの「見える化」が不可欠だという

外国籍社員との橋渡し役

外国籍社員に活躍してもらうには、橋渡し役となる日本のグローバル人材も重要だ。事業会社パナソニック傘下で空調事業を手掛ける空質空調社の高橋広太朗氏は、自ら手をあげて海外マーケティングの世界に飛び込んだ。

17年、高橋氏はイタリアの現地法人に赴任した。部下のほとんどが外国籍だ。イタリア語もままならない中で、しっかり経営目標を共有していくことが課題だった。重視したのが「見える化」だ。数字をベースに何が課題なのかを部下に示す。自らもイタリア語を学び、積極的に営業をしかけることで顧客を開拓していく。

欧州の住宅では燃焼式ガスボイラーなどで沸かしたお湯を循環させて暖房に利用するのが一般的だ。だが家庭からの二酸化炭素（CO_2）排出の多くが暖房・給湯機器によるもの。

環境意識が高い欧州では、省エネ型である空質空調社のシステムへの注目度が高い。経営層の意思決定をスムーズに現場に伝える高橋氏の役割は重みを増す。

パナソニックＨＤの海外売上高比率は22年3月期で57%。米テスラ向けを中心に電気自動車（ＥＶ）の車載電池で成長を期す米州、環境性能の高いヒートポンプ暖房で市場開拓を狙う欧州、住宅関連事業で攻勢をかけるアジア、そして家電の生産拠点が集約する中国。それぞれがさらなる成長に向けた潜在能力を秘める。

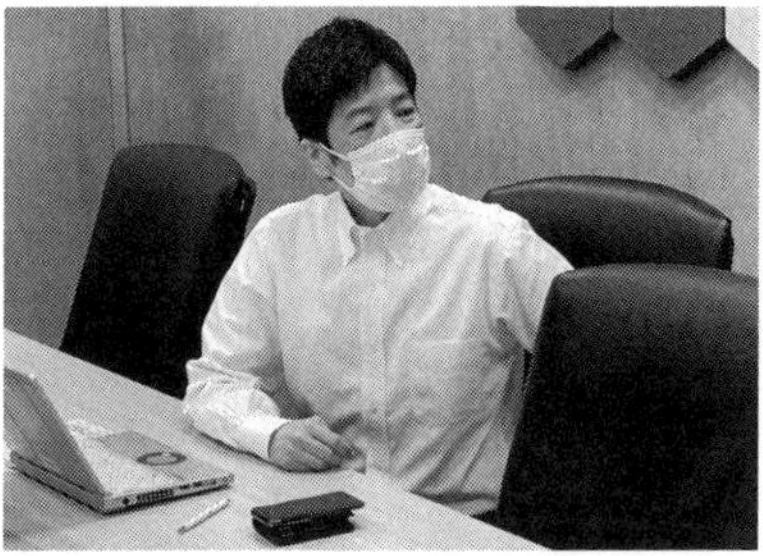
渡辺氏はサプライチェーン管理ソフトの日本での顧客開拓を先頭に立って引っ張る

海外発の事業が日本で需要を生み出すケースもある。「大きな買い物を失敗させるわけにはいかない」。パナソニックＨＤが計８６００億円で買収した米ブルーヨンダー。日本法人であるブルーヨンダージャパンの最高執行責任者（ＣＯＯ）として、日本事業の立ち上げを担うのが渡辺大樹氏（現ブルーヨンダージャパン社長）だ。幼少期から長く海外で暮らし、入社後は自ら手をあげて海外で様々な事業の立ち上げに全力で携わってきた。

「とにかく中に入って話をしなければ改革できない」。完全子会社化して半年もたたない22年2月、ブルーヨンダージャパンに乗り込んだ。一員として仕事をしていくうちに、意思疎通が全く変わってきたと感じた。顧客と厳しい交渉がある時も率直に相談されるようになり、渡辺氏が同行して話を聞くような機会が増えた。

世界的な景気低迷で顧客企業の投資が落ち込む逆風こそ吹いているが、ブルーヨンダーが得意とするサプライチェーン管理ソフトの需要がなくなるわけではない。「サプライチェーンの改善で、どれだけのCO_2排出を抑制できるかまで見える化できれば、環境意識の高い顧客にさらに売り込むことができる」。システムの高度化に向けたアイデアも練りながら、さらなる市場開拓に全力で取り組む。

実験室を持つ開発部隊

「ここにある機械はほぼすべて自作です」。大阪府大東市にあるパナソニックインダストリーのオフィスには実験用ロボットがあり、まるで小さな工場だ。21年から新規領域の開発を担うモーションコントロールビジネスユニットの王建氏は安全対策の金網から制御プログラムまですべてを設計した。

「機械もソフトウエアも理解する」ため、開発部隊ながら実験室まで持つことにした。設備を活用してロボットを動かしながら課題をひとつずつ解決していく。産業用モーターやその動きを制御するコントローラー、制御のルールを決めるプログラミングなどすべてセットで顧客に提案している。

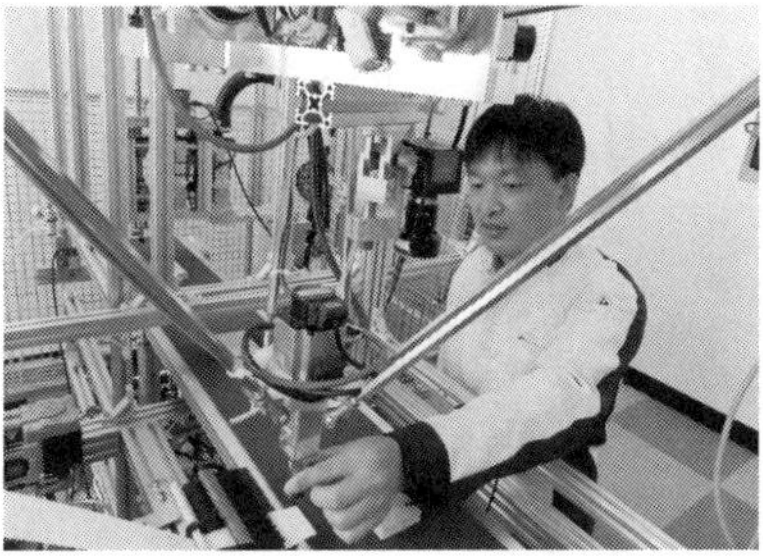

中国出身の王氏はモーションコントローラー領域を開拓する

数年前までパナソニックインダストリーには弱点があった。高い精度でロボットの動きを制御する技術には定評があったが、プログラミングで多数のモーターをすばやく制御する「モーションコントローラー」は手がけておらず、「『頭脳』部分がない状態だった」（王氏）。

中国出身の王氏は前職もグローバル企業のエンジニアだ。巨大なプラントの各種バルブの制御を担当していたため、複雑な制御プログラミングはお手の物。すでにモーションコントローラーの新製品を投入し、「1～2年で本格的にシェアを高めたい」と力を込める。

海外市場の開拓には、幅広い目線で課題や強みを冷静に見極めることが欠かせない。松下幸之助も多くの人の意見を聞く「衆知を集める」ことの大切さを説いてきた。グローバル人材の知恵を集める「衆知」は市場開拓のエンジンとなる。

現場の「匠」、常識を疑い新技術

車載電池やソフトウエアサービスで成長戦略を掲げるなかで、ものづくりの「匠《たくみ》」たちが競争力の源泉となっている。常識を疑うことで新たな技術やアイデアを次々に生み出し、パナソニックHDの楠見社長が掲げる「競争力強化」や「環境負荷低減」を下支えする。

テスラのEVに電池を供給するネバダ州の工場。その立ち上げに関わった電池の匠が、パナソニックエナジーの徳島工場（徳島県松茂町）にいる。エナジーソリューション事業部の松下和也氏は、電池の正・負極材製造のプロだ。ネバダ工場では、日本式の製造手法や考え方を現地の従業員に指導した。根気よく伝えると考え方も変わってきた。

電池の競争力を高める要素はいくつもある。例えば物質を混ぜ合わせ、粘性のある「スラリー」。アルミ箔などに薄く塗布する工程が電池の性能を左右するが、高品質なスラリーを作るのは難しい。

松下氏はEV向け電池への金属片混入の撲滅を掲げる（パナソニックHD提供）

材料を回転式の羽根で混ぜ合わせる際に羽根部分が削られて微細な金属片が混入してしまうと、電池が発火したり、不良品の発生が増えたりする恐れがある。松下氏たちは生産工程で改善可能な項目をリストアップし、羽根を別の素材で覆ってチリを回収する装置を設置するなど試行錯誤を繰り返した。

徳島工場では目に見えない大きさの金属片を「撲滅」する目標を掲げる。松下氏は「工場を自動化しても設備を考えるのは人。どんな状況にも対応できる人材を育てることが重要だ」と話す。

小谷氏は低温はんだの技術を使って生産現場での電力消費量削減に取り組む

「『ビスマス』がはんだ付けの材料として不向きだというのは常識だ。だが本当にそうだろうか」。事業会社パナソニック傘下のくらしアプライアンス社の小谷幸男氏は、常識を疑って金属の一種、ビスマスを使った「低温はんだ」を洗濯機などの製造現場に持ち込んだ。

ビスマスを使ったはんだはひび割れなどが起こりやすいというのは論文などで指摘されている。だが自分の目で確かめたわけではない。小さな部品で試してみると、ひび割れなどは起こらない。原理がわかると、次は生産現場に落とし込めるか検証を重ねた。

ビスマスは従来のはんだ材料より融点が低い。低温ではんだ付けができるため、はんだ付けにかかる工場のエネルギーコストを30％以上削減でき、環境負荷も抑えられる。

22年8月には量産での低温はんだの活用も始まった。技術を開発して終わりではない。競争力強化が目に見えてこそ意味がある。小谷氏はさらに気を引き締める。

パナソニック流の「デザイン経営」

未来を描く匠も多くいる。特にデザイナーは時代を先取りして将来のあるべき暮らしの姿を想像し、必要とされる製品のデザインや発想をつくりあげていく役割を担う。

「将来この商品がどう使われるかを予測する能力がデザインには必要になる」と吉山氏は話す

こうしたデザイナーを束ねる京都の拠点に、くらしアプライアンス社の吉山豪氏はいる。担当は家電製品単体のデザインにとどまらない。「炊飯器や電子レンジのデザインを個別に追求しても、キッチン全体の使い勝手が良くなるとは限らない。空間全体のデザインが必要だ」と言う。家電に加えて家具や住宅の水回りまで幅広い知見のある吉山氏の発想は、空間デザインで生きてくる。

パナソニックＨＤの楠見社長は「デザイン経営」を掲

げ、既存の延長線上にとどまらない製品を世に出す意義を強調し、デザイナーの発想が生きた商品も少しずつ世に出始めている。ゴミを保管しておく部分を別にすることで取り回しが簡単になった掃除機、据え置きではなくキャスターなどで移動させることを前提にしたテレビなどだ。

キッチン家電でもパナソニックらしい「提案」を生み出すのが吉山氏に課せられた使命だ。発想や学びは街のそこかしこに転がっている。京都の街を歩き、学び続けている。

鈴木氏は全館空調の開発に挑んでいる

「エアコン1台で全室を管理できる時代を迎えている。我々は技術で先頭に立たなければならない」。パナソニックHDが成長領域のひとつに掲げる空調分野で、パナソニックエコシステムズの鈴木康浩氏はエアコンの専門家として愛知県春日井市の現場を牽引している。

鈴木氏はマルチエアコン、ミストサウナなど様々な商品の開発に携わってきた。複数の部屋を管理する技術に加えて、顧客へのプレゼン能力も身につけた。自ら手をあげて中国にも赴任し、製品の安全性を確保する設計技術の大切さにも改めて気づかされた。こうした経験や培った技術の集大成となる全館空調は「我々の省エネ技術の高さを示すことができる製品」と意気込む。

博士号を持つ「セキュリティーの番人」

パナソニックＨＤに求められるソフトとハードの融合。ものづくりを軸としながらも、ソフトと融合させることでさらに製品の競争力を高め、新たな時代をリードする事業を生み出す。こうした取り組みにも匠の力は不可欠だ。

博士号を持つ「セキュリティーの番人」。安斎潤氏はパナソニックオートモーティブシステムズで、自動運転車のセキュリティーという新たな事業領域を担う専門家だ。

業務用の無線技術や携帯電話通信の暗号化といった分野で、セキュリティーの知見を少しずつ積み重ねていった。ある程度やり尽くしたと思い始めたころ、自動車のセキュリティーについての外部レポートが目にとまった。「これは守りがいがありそうだ」。技術者魂に火が付いた。

パナソニックHDとセキュリティー。一見するとイメージがわきづらいが、実は30年以上の歴史を持つ。録画機器で培ったコピー防止、つながる家電や工場の統合管理などで技術を蓄積してきた。こうしたシステムでは外部からの攻撃を監視する技術が欠かせない。自動運転車のセキュリティーでも研究の積み重ねが生きる。

楠見社長がトップ就任時に打ち出した競争力強化の2年も終わりを迎えた。さらなる底上げには、様々な製造分野の一線で研究や開発に取り組む匠の熱意が欠かせない。

安斎氏はスマホなどのセキュリティー強化にも取り組んできた

「熱意が道を切りひらく」。松下幸之助の言葉は、いまも現場に息づいている。

カイゼン担う「伝承師」

一方、製造の現場には「カイゼン」を牽引する「伝承師」と呼ばれる社員たちがいる。人工知能（ＡＩ）やセンサーなどの力も借りながら、現場に潜むカイゼンの種を掘り起こし、ムダを徹底的に省いていく。

「部品のラベルを貼り替える工程で、従業員が38秒も立ち止まっている」。パナソニックオートモーティブシステムズの福井県敦賀市にある工場の一室。午前9時ごろに現場責任者が集まり、映し出された作業工程の動画を食い入るようにみつめていた。

動画にはラベル貼りをしている作業者が映し出され、工場内での動きが線で描かれていく。しばらくすると作業者が立ち止まり、線が描かれなくなった。「ここだ。この作業に問題があるのではないか」

映像から、ラベルを補充するため新しいものに交換をしていたことがわかった。「トイレットペーパーのように、素早く入れ替えられる仕組みにすれば短時間で済むかもしれない」。さっそくカイゼンのアイデアが飛び交う。こうした議論をもとに補充をスムーズにする装置の導入にかかるコストをすぐに見積もり、5日後には現場に導入された。

「カイゼン活動」といえば、ストップウオッチを片手に生産ラインに張り付くのが一般的だ。だが「ストップウオッチを構えているときに問題が起こるとは限らない」と現場革新を他部門に広げる役割を担う「伝承師」の竹内康之氏は話す。

人の目でのカイゼンでは1週間以上調査して、課題が2～3個見つかるかどうかだ。現場を常時録画していても、いつ問題が起こったかがわからないため、すべてを見返さなければならない。映像の視聴だけで数日かけるようでは、カイゼンが根付かない。

メスを入れたのが、パナソニックコネクトが手がけるＡＩシステムだった。21年8月に一部の生産ラインで360度全方位を見渡せるカメラを真上に設置した。画像認識で従業員の移動経路や滞在場所を検知する。ＡＩには標準的な作業のデータを学習させており、「ズレが大きかった事例」を自動的に知らせる。毎日10個ほどの課題がＡＩから指摘されるようになった。

敦賀の拠点にはHDの他部門からも社員が見学に訪れる（パナソニックHD提供）

「コネクトのＡＩシステムを生産拠点で試したい。使ってみてくれないか」。パナソニック

ＨＤで生産現場の効率化を担当する南尾匡紀・オペレーション戦略部長からＡＩ設置の打診を受け、今のライン管理の手法にたどり着いた。自動車メーカーと取引を続けてきたパナソニックオートモーティブシステムズは、カイゼンの考え方を受け入れやすい土壌があった。

オートモーティブシステムズの中園直輝ビジネスユニット長は「これまで自動車部品は安定した事業というイメージがあったが半導体不足など様々な制約が増えた。ムダを減らして付加価値を生む作業に集中する必要がある」と話す。コネクトもこれまで主に物流向けだったサービスを生産現場向けにも広げる機会を探していた。

ＡＩ導入の成果は明らかだった。ハンドルの傾きを検知するセンサーの生産ラインは、納入先の完成車メーカーと一緒にカイゼンを実施した最新鋭の工程だった。だがＡＩを導入すると約10カ月で生産性はさらに３割上がった。敦賀にはコネクトの樋口泰行社長ら多くの幹部がひっきりなしに視察に訪れる。

ＡＩシステムを運用してムダを排除している代表的な拠点が、２章でも紹介し、世界25カ国に部品を供給する物流拠点「彩都パーツセンター」（大阪府茨木市）。先端の４つの技術を

彩都パーツセンターのピッキング作業では位置測定システムを活用

運用している。人・設備の稼働・作業状況といったセンシングデータから、現場のボトルネックを可視化する「ダッシュボード」、位置測定技術の「V—SLAM」、AIによる画像処理、コンテナ内の充填率を数値化する「積載量可視化」技術。これらを組み合わせて、作業の手順や人の動きを常時見直している。

大きさも数も多種多様な部品やパーツを扱う物流業務の標準化は遅れている。コネクトの一力知一エグゼクティブコンサルタントは「データを使い、情報に変換できる取り組みが必要」と話す。ムダな作業が減れば残業時間も少なくできる。倉庫での働きやすさも高まるとみる。

「カイゼン思想」を現場に植え付ける

HDの楠見社長は22年4月、現場革新を主導する「オペレーション戦略部」をHD直下に設置し、自らも日本中を飛び回って視察を繰り返す。システムがどれほど進んでも、働く人の意識が変わらなければカイゼンは続かない。「カイゼンの考え方や思想を職場に植え付ける必要がある」。ＡＩを使ったカイゼンシステムに息を吹き込むため、南尾戦略部長が行き着いたのが現場でカイゼンを担う「伝承師」の育成だった。

かつてカイゼン活動は各工場の取り組みにとどまり、横展開が遅れていた。1秒、1ミリ、1グラムのムダや滞留も見逃すことなく、すべての現場が助け合ってカイゼンに取り組む。この思想を「カイゼン道」と位置づけ、各工場に浸透を図る。そのために各事業会社から工場の現場を担う人材を集め、伝承師として育ててきた。

ムダとは何か。南尾戦略部長は説明する際、「ホワイトボードに『ムダ』と書く」のだという。字を書いている時間は付加価値を高める「正味作業」。字を書くためにペンのフタをとるのは、付加価値は生み出さないが字を書くのに必要な「付帯作業」だ。この作業は削るのが難しい。一方でホワイトボードまで歩いたり、ペンを探してホワイトボードの前で立ち止まったりするのは「ムダな作業」となる。

身近な事例で理解してもらい、現場に置き換えて考えてもらう。それぞれの工程を正味作業、付帯作業、ムダな作業に仕分け、「どこかにムダがあるのではないかと常に意識させる必要がある」と南尾戦略部長は話す。

カイゼンが進んだ優良な工場でも、正味作業はせいぜい2～3割程度。多くの工場は1割以下にとどまる。カイゼンの種はそこかしこに転がっている。各事業会社に考え方を伝え、カイゼン意識を全体に広げていく伝承師の役割は大きい。

森の会議から新発想

意欲も能力もあり、前向きに現場を牽引するトップランナーたち。ただ、こうした取り組みが一部にとどまっていては、会社全体の潜在能力を最大限に生かせない。さらなる高みに飛躍するため、「人」の力をどうやって引き出すか。持ち株会社制への移行と前後して、従業員のエンゲージメント（働きがい）を高める社内風土改革が重要なミッションとなり、事業会社ごとに工夫をこらした取り組みが始まっている。働く人材が付加価値を生み出す「人的資本」とみなし、人事制度や職場環境を一新して気持ちよく働ける環境をつくろうとしている。

21年秋、岡山県西粟倉村の原生林にエナジー社（現パナソニックエナジー）の幹部十数人が集まった。通称「森の会議」。自然に囲まれた非日常的な空間で生まれるアイデアを事業に生かす。「目指すべき企業像」と「変えることへの障壁」を議論するため、役員クラスに限らず、様々な社員が原生林に集う。議題のひとつが「人材の生かし方」だ。

原生林の中で成長に向けた課題を話し合った
（パナソニックHD提供）

車載電池の生産を増やすうえで、人員の不足は喫緊の課題だ。人材獲得を急ぐ一方で、現メンバーの力を最大限に引き出す必要がある。「中間管理職を活性化しなければいけない」「無駄な報告をやめれば負担は減らせる」。森の会議でも活発に議論が交わされた。

自動車部品のパナソニックオートモーティブシステムズは、従業員エンゲージメントの数値の上下を役員賞与に反映する仕組みを導入した。数値が横ばいなら賞与の額は下がる徹底ぶりで、賞与の額は最大で百数十万円の差がつく。「従業員エンゲージメント向上には役員のさらなる意

識づけが不可欠だ」(幹部)

オートモーティブシステムズのエンゲージメント数値はグループの中でも低かった。他の事業会社と肩を並べ、数値をグローバルで通用する水準まで引き上げなければ人材獲得で後れをとりかねない。オンライン会議サービスを使い、社員と幹部が少人数で話せる環境をつくるなど、コミュニケーション活性化にも力を入れる。

オフィス内に「キャンプ場」を再現

風土改革は管理職の理解が欠かせない。企業向けシステムのパナソニックコネクトは22年度から、部課長級1500人を対象に風土改革の研修を始めた。座学やワークショップに1日4時間半をかける熱の入れようだ。

各事業会社に浸透しつつある風土改革に率先して取り組んだのがHDの楠見社長だった。「言うべきことを言い合える会社にしたい」。楠見氏がオートモーティブ社のトップだった19年に始まった「プロジェクトC」は、開発がうまく進まず業績が苦しい中、少しでも前向きになる取り組みをとの思いで始まった。「若い社員から声があがったので、ぜひやってみなさいと言ったまで」と楠見社長は謙遜するが、業績に直結するかどうかわからない風土改革に、トップがゴーサインを出した意義は大きかった。

「重要性は上司も認識している。頭ごなしに『ダメだ』と言われることはほとんどない」。オートモーティブシステムズで風土改革を担当する坪井望氏はこう話す。働きやすい環境を育むうえで、「器」もおろそかにしない。実際、横浜市のオフィスの一角は大きく姿を変えた。道路を模したように通路がデザインされた遊び心のあるフロア。開放感のあるオフィスの真ん中に突如としてテントが姿を現した。

キャンプ用のイス、たき火を模したモニュメント、光で映し出された川と魚――。こだわりが感じられる空間は憩いの場になっている。アイデアが出ないときは飲み物を片手にリフレッシュする。他の部署の人と会話し、違う視点を取り入れる。「会社に来れば仕事以外のメリットもある」と感じてもらう。すべては従業員に、楽しく前向きに働いてもらうための取り組みだ。

新型コロナウイルス禍で在宅勤務が通常の働き方に組み入れられた。オフィスに来てもら

オートモーティブシステムズのオフィスに設置したテントでくつろぐ永易正吏社長

う理由も仕組みも必要になってきたといえる。

大阪府門真市の一角にあるパナソニックインダストリーのオフィス棟。同社の高野美樹氏は「本当に好きなようにつくらせてもらった」と話す。一見するとソファや机の配置など統一感があまりないように見えるが、複数の企業のレイアウト案やアイデアをいいとこ取りしたオフィスデザインになっている。「机の高さやイスの座り心地の好みにも個人差がある。誰もが落ち着いて仕事ができる場所を選べるようにしたかった」。心地よい空間ならば仕事の能率もあがる。フリーアドレスなので、その日の気分で仕事をする場所を変えることもできる。

同じ門真市にあるパナソニックハウジングソリューションズの本社はエントランスの吹き抜けが印象的だ。壁紙や内装などに自社で扱う商材を多数取り入れた。社長室も家のようなつくりにした。自社製品に触れる機会を増やして社員に愛着を湧かせる。

大阪府守口市にあるパナソニックエナジーの本社は、ビル内に据え付けられた「調和の森」が来客を出迎える。倒木など様々な木材を組み合わせ、屋内に森を感じられる空間をつくった。木の世話をする「エンゲー部」は幹部も加わる。「樹木の名前もあまり知らない幹部が一生懸命、本を読んで世話をしている」。こうした姿を見せるだけでもコミュニケーションは活性化する。

持ち株会社制への移行により、「パナソニックHD」という看板で人材を呼び込むことは難しくなった。持続的な成長を担える優秀な人材を確保するには、事業会社ごとに魅力を高める仕組みづくりが求められる。

人事・賃金制度も事業会社が柔軟に設定できるようになり、会社ごとのカラーも出しやすい。人的資本を大切にする風土改革は、「物をつくる前に、まず人をつくる」という松下幸之助の言葉にもつながる。人材の力を最大限に生かすためにも、風土改革の歩みを止めるわけにはいかない。

私はこう見る

足りないのは『社員の成長感』だ

三島茂樹●執行役員

パナソニックＨＤがさらなる成長を目指すには、事業会社それぞれが人を生かす人事戦略を描く必要がある。ＨＤで人事戦略を担う三島茂樹執行役員は「異なる個性・能力を最大限発揮できるようにすることが重要」と強調する。

――事業会社ごとに人事制度に特徴がみられるようになりました。

「採用・人事戦略を各事業会社が業界ごとの特徴にあわせて整備できるようになった。事業会社間の人材交流については仕組みを整備している。社員の挑戦意欲を尊重して、流動性を持たせるのが基本的な考えだ。ただ、人材の取り合いが起きては意味がないので、ＨＤとしてガバナンスを利かせることが課題だ」

――ＤＥＩ（多様性、公平、包含）をキーワードに掲げています。

「『物をつくる前に人をつくる』や『社員稼業』など様々な言葉をグループ創業者の松下幸之助が残しているが、私なりの言葉に置き換えれば、すべての社員がそれぞれ異なる個性・能力を最大限発揮して、それぞれの業界ですべての社員を戦力化するマネジメントが重要だ。この考え方を徹底し、形を変えたものがDEIだ」

「多様性ひとつとっても人種や性別だけではない。学び直しをしたい人もいるかもしれないし、1社にとどまらず2社で同時に働きたい人もいるかもしれない。能力や属性、働き方の多様性が広がっている。単一的な働き方に縛られては、多様な人材を生かせないし競争力も生まれない。経営者がこうした考え方を意識して、旗振り役にならなければならない」

――働きがいを示す従業員エンゲージメントを各事業会社が意識し、人事制度で様々な取り組みが始まりました。

「4～5年ほど前からグローバルな視点で従業員エンゲージメントをみてきた。『自発的貢献意欲』と『働き続けたいと思える環境』の2つのカテゴリーに分けて分析し、スコアが低い点は改善することをグループ共通の人事施策としている」

「グローバルでみればまだまだ日本の従業員エンゲージメントは低い。いまの我々に足りないのは『社員の成長感』だ。この会社で働いたことで自分が成長できるか、上意下達ではなくコーチ型のマネジメントが必要になるだろう」

――成長を感じてもらうには、研修などの充実も必要です。

「異なるニーズにあわせて最適化していく。eラーニングやワークショップなど様々な仕組みを用意する必要がある。それぞれの社員がいま学びたいのか、思いっきり働きたいのか、それとも両方に取り組みたいのか、ライフステージごとのニーズにきめ細かに対応する必要がある」

「一人ひとりの挑戦を後押しできるよう選択肢も広げている。例えば週休3日、週休4日のような仕組みや、リモートワークなどを活用してどこでも働けるような制度のように、選択肢を用意することで多様な人々が活躍できる体制を整えることが重要だ」

みしま・しげき
1987年大阪市大（現大阪公立大）法学部卒、松下電器産業入社。事業会社の人事・総務や人材育成などに携わり、2019年にパナソニック（現パナソニックHD）執行役員に。

第４章

脱しがらみへ、外部人材が変革を加速

PXでしがらみも打破

外部人材を活用して会社の風土を変えようとする取り組みは、持ち株会社制への移行前から徐々に始まっていた。過去の成功体験に裏打ちされた商習慣や社内論理などのしがらみを打破しようと、「PX」と称したデジタル技術を使い、改革に取り組んでいる。時に社内に軋《あつ》轢《れき》を生みながら突き進む外部人材の突破力は、社内に眠る能力を呼び起こせるか。

2021年11月30日に開かれた取締役会で、取り組むべきDX（デジタルトランスフォーメーション）、通称「PX（パナソニックトランスフォーメーション）」を力説する男がいた。最高情報責任者（CIO）の玉置肇執行役員（現パナソニックホールディングス〈HD〉執行役員グループCIO）だ。

それまでIT関連の話題が経営会議や取締役会のテーマに上がることは少なかった。この年の5月に玉置氏が入社して以降はがらりと変わり、頻繁に議論されるようになる。「ITと経営の距離を縮める」と話す玉置氏が率いるのがPX。社名とトランスフォーメーションを組み合わせた造語に、「ＩＴの変革にとどまらない」（パナソニックＨＤの楠見雄規社長）との思いを込めた。

５カ月後に本格始動したＰＸは、１００を超えるプロジェクトを抱える。それぞれが個別最適を追い求めた結果、社内に１４００近いシステムが併存するが、楠見氏は「ＩＴが経営のスピードアップに貢献できていない」と指摘する。玉置氏は「（既存システムを）モダナイゼーション（近代化）する」と表現する。

玉置肇氏。ファストリのCIOを務めたこともある

玉置氏はこの取り組みを「耐震補強工事」に例える。古いシステムをゼロベースで立て直すのではなく、置き換えたり改良したりする補強で、変革に堪える土台を作る。ＡＩやＩｏＴなど「聞こえのよい言葉は封印した」（玉置氏）。

変えるのはシステムだけではない。業務情報システムを動かす人材は協力会社を含めて９０００人近くいるが、その働き方も変える。きれいな社内資料の準備など内向きな仕事を廃し、旧松下電器産業、旧松下電工などのしがらみからも解くことを目指す。

玉置氏は米プロクター・アンド・ギャンブル（P&G）でアジア地区のIT統括などを務め、14年にファーストリテイリングのCIOに転身した後、17年にはアクサ生命保険でもIT部門を率いた。国内で数少ない「プロCIO」と言える存在だ。

「DXがかなり遅れている」と認識していたパナソニックHDに入社するきっかけは、17年に日本マイクロソフトから出戻った樋口泰行現パナソニックコネクト社長の存在だった。大阪大学の先輩でもあり、P&G時代からの長年の付き合いだ。妻や親、友人など周囲の誰もが反対する中、オールドエコノミーの代表格とも言える電機業界の本丸で「最後のご奉公をする」と決めた。

入社発表後の21年3月以降、社員やOB、取引先を訪ね、全27ページに及ぶ「100日間計画」を入社前につくった。実質的な稼働2日目となる5月11日にオンラインで変革の考え方を発表。同じ日の午後に実動部隊となる変革チームを発足させた。

IT事業の幹部や、経営企画、社外のベンダーなど約10人で組成する変革チームは毎朝9

時前の15分間、オンラインで顔を合わせる。成果の一つとして、経営会議で大画面に世界の子会社の経営状況をグラフで示す取り組みが始まった。これまではＡ３用紙１枚に数字が印刷され、経営状況の把握も一苦労だった。

世界に散らばる子会社の経営状況を一目で確認できる「Ｋコックピット」は全グループ会社を網羅していなかったが、完璧でない状況で稼働させて「アジャイルで進める」象徴にもなる。これこそが、楠見氏が社長就任前から求めていたものだ。数十人のデータアナリストを様々な幹部の元に送り、データを生かした経営の礎を築く。経営とＩＴの距離は、少しずつ縮まり始めた。

社員も変化の芽を感じている。ある若手社員は「向かう方向性を明示してくれる。以前にはなかったことだ」と明かす。それでも組織の論理は強く、外部人材への拒否反応はいまだにある。ＩＴの実動部隊２７００人の中で「賛同しているのは2～３割」と玉置氏も認める。

玉置氏は「私や樋口氏が『変えてくれる』ではだめ。変えるのは『わたし』じゃないと」

の社員と強調する。外部人材は旗振り役ではあるが、会社を変える上で問われるのは24万人の社員の覚悟だ。

「社内で代わる人材は見つからない」

21年4月、パナソニック総研が立ち上がった。対外発表はなく、ウェブサイトも会社概要と理事長・社長の挨拶程度にとどまる。10人程度で発足した組織の理事長には経済産業省出身の三又裕生氏が就いた。

通商産業省（現経産省）でエネルギー政策や環境政策に関わり、米ニューヨーク・センター産業調査員などを歴任した。パナソニック総研理事長として全体を統括する三又氏について、関係者は「経産省のOBネットワークはすごい」と話す。

取り組むテーマは米中摩擦などの地政学と脱炭素だ。21年3月期の売上高でみると、米国を含む米州は全体の約17%、中国は約13%を占める。いずれも車載電池や家電などの生産拠点を持つ重要地域だ。両国の摩擦はパナソニックの立ち位置を難しくする。温暖化ガスの排出量を実質的にゼロとするカーボンニュートラルを巡る各国政府の動きも影響が大きい。

外部人材の登用が広がる
（2021年12月時点）

	役職	入社年	経歴
樋口泰行	代表取締役専務執行役員／企業向けシステム事業担当	17年	日本マイクロソフト社長
ローレンス・ウィリアム・ベイツ	取締役常務執行役員／ゼネラル・カウンセル	18年	LIXIL執行役専務
片山栄一	常務執行役員／業務用冷蔵庫事業担当	16年	メリルリンチ日本証券のアナリスト
松岡陽子	常務執行役員／くらしソリューション事業本部長	19年	グーグル幹部
森井理博	執行役員／ブランド戦略担当	20年	ピーチ・アビエーション執行役員
玉置肇	執行役員／最高情報責任者（CIO）	21年	ファーストリテイリングCIO

外部の専門家なども活用しながら定期的にリポートをまとめ、経営陣に提言する。長期方針に影響を与える立場に、外部人材を登用したことになる。

外部人材の登用が目立ち始めたのは、5～6年ほど前からだ。その代表格が樋口氏で、新卒で松下電器産業に入社して一度離れたが、ダイエーや日本マイクロソフトの社長を経て、当時の津賀一宏社長（現パナソニックHD会長）に請われて出戻った。

CIOの玉置氏も樋口氏との縁で入社するなど、このころから知名度も腕力もある外部の人材が徐々に集まるようになった。東京に事業の本部を移すなど樋口氏が進めてきた風土改革が人材を引き付けている。

樋口氏と同じく17年、独ＳＡＰ日本法人幹部を経て入社した馬場渉氏は環境事業を担当する。馬場氏は元グーグル幹部の松岡陽子氏を呼び寄せた。松岡氏がトップを務める子会社には、シリコンバレーの著名企業出身者が多く加わった。メリルリンチ日本証券の著名アナリストだった片山栄一氏は16年に入社し、最高戦略責任者（ＣＳＯ）を経て業務用冷蔵庫事業を率いる。

21年6月まで社長を務め、外部人材の登用を推進した津賀パナソニックＨＤ会長は「社内で代わる人材は見つからない」と話す。松下電器産業や松下電工、三洋電機、九州松下などかつてのくびきに縛られがちな社内に対し、考え方の異なる人材の起用で変化を求めた。

会社のブランドに引かれる世代が多く残る今は、これだけの人材が集まる。ただ、成長しない30年を経てブランド力の低迷も指摘される中、今後も今のような水準の人材が入ってくれるとは限らない。外部から来たある幹部は「憧れを抱いた世代が残る今は最後のチャンスだ」と冷静に分析する。

「シリコンバレー流」を注入

米シリコンバレー企業の経営手法を取り込む試みも、持ち株会社制への移行前から始まっていた。中核となったのは、馬場氏に呼び寄せられて19年秋に米グーグルから転身した、松岡陽子常務執行役員（現パナソニックHD執行役員）だ。

2週間の短期で改善を繰り返す「アジャイル」な手法で、シリコンバレーへ派遣された社員に意識改革を促す。数十人の社員が米国での経験を日本の職場に持ち帰り、長年の閉塞感を打ち破ろうとしている。

「仕事をする人が一番多く抱えている問題、日常生活をどう助けるかにフォーカスした」。松岡氏は21年9月、移籍して初となるサービスの提供を米シアトルで始めた。

松岡陽子氏は短期間で改善する「シリコンバレー流」を取り入れた

入社から2年間、表舞台に姿を現すことなく温めてきたのは、家の補修や子どもの習い事、週末の旅行の予定など家庭の困りごとをアプリを通じて相談できるサービスだ。松岡氏が率い、約100人が働くシリコンバレーの子会社Yohana（ヨハナ）が開発した。

松岡氏はカリフォルニア大バークレー校などで電気工学などを学び、カーネギーメロン大やワシントン大で教授を務めた。米グーグルの研究部門「X」の立ち上げやイノベーション責任者、米アップル幹部などを経てパナソニックに参画した経歴を持つ。

サービス開発には日本からの長期出張者も参加した。開発の過程でシリコンバレー流の考え方が派遣された日本人社員に浸透した。

「日本と全く異なる」。派遣第1陣として21年4月から3カ月米国に滞在した、くらし事業本部の郷原邦男氏はサービスやものづくりの起点となる企画会議の日米の違いに衝撃を受けた。

かつてのパナソニックでは課題設定の議論はすぐ終わり、「How（どう）」という技術の部分に目が行きがちだった。1年前の企画会議で必要な技術や開発工数、収支見通しなどを細かく決め、その流れに沿って品質を上げながら商品化を目指すことが多かった。

一方、シリコンバレーの企画会議で議論するのは「顧客のどんな課題を解決するか」だ。

変えてはいけない「What（何）」を徹底的に話し合う。21年9月に始まったサービスで言えば、「働く女性の課題＝様々な家の用事」だ。必要な技術は開発中に大胆にやり方を変える。郷原氏は驚きながらも手応えを得た。

松岡氏が走りながら技術を見極め、手法を変えるアジャイルな開発を進める背景には、「組織のつくり方の違いがある」（郷原氏）。顧客の反応を分析し、改善を実行するサイクルを2週間でまわす「スプリント（短距離走）」と呼ばれる開発スタイルだ。そのサイクルに適した準備ができる組織になっている。

消費者調査はパナソニックHDも度々実施しているが、改善点は次世代機に持ち越すことが多い。一方、松岡氏はまさに開発中の商品やサービスに組み込むため、時間の変化による消費者とのずれは生まれにくくなる。

世界基準の働き方を取り入れる

リアルタイムで情報を共有する仕組みもある。この年の10月に3週間米国に出張した、くらし事業本部の豊島靖子氏は、スピーディーに業務を回すため、ファイルを共同で編集できるようオンラインで1カ所に共有してあることに驚いた。

仕事の進め方だけでなく、人材も世界基準だ。同年6〜8月に出張したコーポレート戦略・技術部門の浜崎浩二氏は、専門性の高さに面食らった。

浜崎氏はかつて花形だったテレビ部門でエンジニアとしてキャリアを積んできた。米国で最初にソースコードを書くと、課題などを指摘するレビューがたった1時間で100件ほどついた。

レビューをつけたのは、米グーグルに32億ドルで買収され、「スマートホーム」関連の開発を手掛ける「ネスト」で松岡氏と一緒に働いていた技術者だ。腕を磨いてきたと思っていた自分の上を行く書き込み。悔しさから必死に食らいつき、妥協を一切許さない文化に触れた。パナソニックに「シリコン流」の手法が浸透しつつある。

ただ、長く培ってきた開発プロセスや仕事のやり方を変えるのは容易ではない。それが歴史ある巨大企業であれば、なおさらだ。その後も多くの日本の社員がシリコンバレーを行き来してきたが、まだ日本に大きな変革をもたらすほどのムーブメントにはなっていない。

松岡氏主導で「シリコンバレー流」を日本に持ち込む

企画会議の現状は

シリコンバレー
解決したい課題を徹底的に議論

日本
課題解決に向けた「技術」を深掘り
技術視点で顧客目線から離れるリスク

開発サイクルは

シリコンバレー
2週間サイクルで改善を続ける

日本
会議で決めた技術を1年かけて開発
社会の変化に対応できないリスク

消費調査は

シリコンバレー
開発中のサービスに改善点を反映

日本	
結果は次のサービスで反映	他社に後れを取るリスク

10年後を視野に人材に投資

郷原邦男氏はくらし事業本部の「ＣＴＲＯ」を務める。チーフトランスフォーメーションオフィサーの略で、外部の開発プロセスなどを取り入れて改革する役割を担う。まず小さなチームを立ち上げ、シリコンバレー流の商品開発の仕組みを実践する場をつくる。

現地には定期的に長期出張者を派遣しているが、人選に苦心している。新人育成の場ではなく、事業に貢献できる人となると、日本で一定の経験を積んだ35～45歳ぐらいの層が多くなる。新しいものに飛び込める精神を備える人材は、それぞれの職場でも責任を負っている。業務から引きはがすことになるため、担当部署から了承を得る必要がある。

オンラインで場所の制約を受けずに仕事ができる仕組みは広がった。ただ、実際に足を運び、向こうで机を並べて仕事をしなければ「本質的な違いはわからない」（郷原氏）。その違いの実感が、改革への礎となる。

変革を推し進めるには今後も長期出張者を増やし続けていく必要があるが、足元のビジネス拡大には必ずしも直結しない可能性が高い。それでも、長期的にプラスになる何かを求める視点が欠かせない。

楠見社長は「事業部長には10年の視野を持ってやってほしい」と訴える。短期目線で投資の先送りをしないでほしいという意図だ。人材育成も長期目線で研鑽を積ませないといけない。松岡氏のチームだけが従来のパナソニックからは生まれないような面白いサービスを開発しても、全社の改革にはつながらない。松岡氏たちがもたらすグローバル基準と、日本の良い点をどう組み合わせてパナソニック流を構築していくか。社員を全社的に奮起させる仕組み作りが欠かせない。

脱・最大公約数ブランド

多様な事業をひとつにくくる最大公約数的なブランディングからの脱却を目指し、元電通社員が旗を振る。持ち株会社は「アスピレーション（願望や大志）」を示し、その実現に向けた具体的な打ち手を事業会社がそれぞれ連続して示すという。

執行役員でブランド戦略担当の森井理博氏（現パナソニックＨＤ執行役員）は、家電や電材事業を束ねる最大事業を率いる品田正弘専務執行役員（現事業会社パナソニック社長）らと議論を重ねる。消費者ごとにパナソニックに抱くイメージは異なるようになるが、「『お役立ち』の集合体としてパナソニックをみせる」（森井氏）という。

「マーケティングはどこにいったのか」。19年秋、東京・日比谷にあるオフィスで森井氏は、パナソニックの佐藤基嗣副社長（現パナソニックＨＤ副社長）らと向き合っていた。社内には開発、製造、販売の頭文字を意味する開製販という言葉がある。まだパナソニックに入社していなかった森井氏は、この言葉にパナソニック苦戦の一因を感じていた。マーケティング畑の長い自身が参画すれば役に立てる。そんなプレゼンを経て入社した。

森井氏は１９８９年に電通へ入社し、２０１４年にあきんどスシローの取締役執行役員兼ＣＭＯ（最高マーケティング責任者）に転じ、16年にはピーチ・アビエーションの執行役員兼チーフコマーシャルオフィサーに就いた。プライスウォーターハウスクーパース（ＰｗＣ）を経て、20年2月にパナソニックに参画した。担うのはブランド戦略の再定義だ。

パナソニックは従来、34ある事業部すべてに共通する考え方をメッセージとして伝えてきた。直前では「くらしアップデート」という言葉を18年に打ち出した。ただ、メッセージが抽象的で社内からも「よくわからない」（中堅社員）との声が上がっていた。

森井氏は「無理に最大公約数ワードを出すのはやめた方がよい」と方針転換を進言した。ひとつの言葉に集約するのではなく、貢献する相手ごとに異なる内容を訴求する「『お役立ち』を連打でみせていく」という。

パナソニックHDの森井氏。いくつもの事業会社でマーケティングに携わってきた

パナソニックのブランド力は相対的に低下している。ブランドコンサルティング会社、米インターブランドの調査によると、グローバルブランドとして12年に65位だったブランド力は、21年に88位まで低下した。

特に若者の認知率が低くなっている。名前を提示した上で知っているかを尋ねる「助成想起」では、パナソニックを知らない比率が日米欧で増えてきている。このまま進むと採用力や売り上げにも影響が顕著に出る可能性がある。「今はギリギリのライン」（森井氏）と危機感は強い。

ともすると感覚的になりがちなブランド戦略だが、経済的価値との関係性を示して社内に納得感を醸成していく構えだ。「純粋想起率」と呼ばれる指標を重視し、体系化に向けて外部人材を登用した。純粋想起率は例えば、冷蔵庫を買うときに選択肢に入るかどうかといった比率を指しており、売上高との相関性も証明されている。

「指示待ち」を変える

変革の担い手である社員をどう鼓舞するか。森井氏は「社員は真面目。ただ、上意下達の雰囲気で指示待ちになっている」と指摘する。上意下達でなく、下意上達に。打開に向けて楠見社長らと打ち出したのが、経営基本方針を約60年ぶりに改訂することだった。

1964年、事業活動のよりどころとなる経営基本方針の原型がつくられ、役職者や一般社員に配られた。松下幸之助を番頭として支えた高橋荒太郎元会長が伝道師となり、「うるさいと感じるほど何度も訴えてきた」(関係者)ことで社員の背骨として根付いた。高橋氏が退任し、幸之助が亡くなると徐々に意識は希薄になっていった。

2020年11月に社長就任が決まった楠見氏は、幸之助から直接薫陶を受けた関係者に話を聞いて回る中で、創業当初の経営理念の実践ができていないと実感した。21年3月、自身や森井氏を中核とするプロジェクトを発足し、経営基本方針の改訂に乗り出した。策定以来の大改訂となる。

幸之助が描いた、物と心の両面で豊かさに満ちた理想の社会を実現するためにやるべきことや考え方を記し、今日的な表現や解釈を加え、21年10月1日に社内外に公表した。中心メンバーだったブランド戦略本部の中西雅子氏は「実践に重きを置いた」と話す。森井氏は「楠見社長が何度も言い続けて定着させる。それをサポートする」という。

長くエレクトロニクス業界のライバルだったソニーグループは19年、パーパス（存在意義）を「クリエイティビティとテクノロジーの力で、世界を感動で満たす」と定義した。エレクトロニクス、エンタメ、金融などの領域をひとつの言葉で表した。パナソニックHDと同じように多くの領域を抱える同業大手でも目指すブランディングが異なる。解は決してひとつではない。

パナソニックHDの営業最高益は松下電器産業だった1984年度の5756億円だ。森井氏は「まずは84年度を超える」と話す。取り組んでいるのはブランディングのためのブランディングではない。最大公約数からの脱却は、業績を引き上げるためにも欠かせないと森井氏は考えている。

出戻り社員の鉱脈探し

次の収益源となる「鉱脈」探しを担う人材のなかに、いわゆる出戻り組がいる。かつてパナソニックを飛び出し、スタートアップを興した岩佐琢磨氏。「起業の次は大企業改革に取り組む」と18年に出戻り、新しい事業の種探しに苦闘してきた。

岩佐氏はパナソニックＨＤ子会社で、自身が率いるシフトール（東京・中央）の役割を「鉱脈をみつける特殊部隊」と例える。家電や電子部品など現状の主力事業は「いつか干上がってしまう」（岩佐氏）。社員数が30に満たない「軽い装備」の自分たちが偵察部隊として市場を発掘し、次なる成長分野を模索すべきと考える。

誰も取り組んでいない市場にこだわる原点は自身が設立したデジタル機器スタートアップ、セレボの成功体験にある。セレボが11年に発売した「ライブシェル」は、カメラで写した映像をインターネット上でライブ配信できる装置で、映像を手軽に第三者に発信したいとの消費者の需要を先取りした。

岩佐氏は「初期に1％でも市場を握れば、1兆円市場になった時に大きな売り上げになる」と説明する。動画配信機器では大手が本格参入する前に知名度を高め、市場内の地位を確立した。先に製品を発売し、世の中の声を反映させながら洗練させていく「アジャイル開発」を岩佐氏が重視するゆえんでもある。

岩佐氏は03年に松下電器産業に入社した。当時は社運を賭けた薄型テレビなど既存事業の成長に全精力を傾けており、「将来化けるかもしれない変な製品」を後押しする雰囲気はなかった。「ゼロから何かを生み出す仕事がしたい」と07年に退社し、セレボを立ち上げた。

10年以上が過ぎた18年、古巣に戻ったのはなぜか。岩佐氏は、業績の低迷を背景に「新しいことをやらないと生き残れないという温度感が生まれてきた」と説明する。

外部人材の登用を進める中でも、「5年近く働いて中のことを知っている自分であれば、（社内調整など）やりやすいことも多い」との確信もあった。

新たな鉱脈を見つけるべく、3年半で5つの商品を世に出した。例えば、21年12月に発売した「クロッキー」は、自宅などに置いた電子メモ帳の文字を、遠隔からスマホで確認できる製品だ。親子で「今日のごはんはカレーだよ」といったメッセージをイラスト付きで共有することができる。

20年11月に発売した「ウェアスペース」は、社員の発案したアイデアをシフトールが引き取り、設計・製造・販売を手掛けた。ノイズキャンセル機能が付いたヘッドホンの周囲に頭を覆う大きさのパーテーションを付けた製品で、視覚と聴覚の情報を遮断して目の前の仕事に集中できるようにした。

企画メンバーの一人でパナソニックの家電事業部門にいた姜花瑛氏は「シフトールの協力なしでは、製品化できなかった」と振り返る。「社内方針に沿うもの以外で、急に新しいものを世に出すのは難しい」（姜氏）。製品化には高い完成度や社内調整が求められる。シフトールとはクラウドファンディングを活用し、発売にこぎつけた。新しい挑戦を歓迎し、後押しする岩佐氏やシフトールの姿勢はパナソニックの社員に刺激を与えつつある。

姜氏は「自分の担当領域を狭めず、部署横断的に動く考えは勉強になった」と話す。担当部署同士で隔たりがある縦割り型組織の本体に対し、「1人で調達や設計など複数分野をこなしていた」シフトール担当者の姿が新鮮だったという。ただ、岩佐氏がパナソニックに戻って発売した製品は社外に大きなインパクトを残せていない。岩佐氏自身も「確実な鉱脈はまだ見つけられていない」と打ち明けた。しかし、この取材から1年後、米国で技術を披露する岩佐氏に出会うと、インターネット上の巨大な仮想空間「メタバース」に狙いを定めていた。本書の7章で再び紹介する。

外部からの人材が持つ人脈

日々の収益を支える既存事業にも外部人材の登用を進めている。過剰な品質を重視するあまり、開発スピードが遅れていたものづくり文化を改める。

21年11月中旬、買収したソフトウエア大手、米ブルーヨンダーの米ダラスの開発拠点を、ある日本人が訪れた。11月1日付で企業向けシステム事業ＣＴＯ（最高技術責任者）兼イノベーションセンター所長に就任した榊原彰氏だ。開発部隊を率い、技術面での連携を託されていた。

ブルーヨンダーの開発幹部と向き合い、今後の開発方針や時間軸、連携の進捗などを議論した。その足でアリゾナ州スコッツデールにあるブルーヨンダー本社を訪れ、技術や人事施策、事業目標などを確認した。入社からわずか2週間あまり、新型コロナウイルス禍で移動制限がある中での弾丸出張を終えた。

「最大の難関はスピード感だ」。顔認識や音声認識といった複数の既存技術とブルーヨンダーをつなげる役割を担う榊原氏は、融合に向けた課題をこう感じている。

パナソニックHDでは品質を重視するあまり開発スピードが犠牲となる。一方、ソフトウエアは発売後も修正できる。榊原氏は「過剰な品質重視より、タイムトゥーマーケットの方が重要だ」と話す。品質を高める間に競合他社に先行を許すのではなく、早めに世に出して改善を重ねるプロセスへの変更を目指す。

榊原氏は米ブルーヨンダーとの連携を担う

技術の着想自体も転換する。どうビジネスにつなげるかが明確でない開発案件や、2つのチームがばらばらに同じようなテーマを抱えている状態が散見されるという。「マーケットトレンドを調査することを起点にしてもらう」（榊原氏）。技術開発の出発点を変え、いち早く世に出せる文化を醸成してスピード感を担保する考えだ。

榊原氏は1986年に日本IBMに入社し、最高の技術職位「ディスティングイッシュト・エンジニア」を務めた。2016年に日本マイクロソフトのCTOに転じたことが、今のパナソニックグループへの入社につながる。当時の日本マイクロソフト会長だったのはパナソニックで企業向けシステム事業を率いる樋口泰行氏だ。2人は会社を替わっても会食を続けていた。

「クラウドを心底わかっている人は少ない。手伝ってくれないか」。ブルーヨンダー買収を発表した直後、樋口氏は榊原氏を口説いた。ITプロバイダーになろうとする本気度を感じていた榊原氏は、誘いに乗った。

榊原氏が参画した翌年にパナソニックコネクトとして独立することが決まっていた企業向けシステム事業は、ほかにも多くの外部人材を抱える。CMO（最高マーケティング責任者）の山口有希子氏は日本IBMから、中核子会社の副社長を務める山中雅恵氏はLIXILから転じた。

現場まで含めて外部人材が多い同事業は、先陣を切って改革を進めている。一方、100

年の歴史を持つ伝統的な事業にも、外部から来た改革の旗手がいる。

「自分が変化をもたらす」。19年、井之川裕一氏はこんな思いでパナソニックに参画した。アクセンチュアで約20年過ごし、SAPジャパン、セールスフォース・ドットコムを経て、空質・空調事業と電材事業のIT担当を兼ねる。

少しずつ全部ずれている

井之川氏はパナソニックが苦戦する原因について、「少しずつ全部ずれている」と分析する。顧客に向き合うビジネスのはずが社内の組織論理に主眼を置いていたり、課題と施策がずれていたりするという。その解決に向け、「温熱療法」と称する改革に取り組んでいる。

縦の組織が強すぎ、横の連携は希薄になりがちで、総合力を発揮できない。これを補う社内ネットワークづくりを進める。例えばIT部門のオフィス改装をコンセプトづくりからIT部門の人員が携わる形で実施し、総務など関係部署との連携を促す。こうしてネットワークをコツコツとつくっていく。井之川氏は「じんわりと効くのが温熱療法。横とつながれる、跳びはねる人材を育成したい」と話す。

入社前に思い描いた変革スピードから遅れていると感じる井之川氏は「焦りもある」と話す。想定以上に動かしにくい組織を変える試行錯誤が続く。外部から来た人材と、新しい風を感じた社内の人材の双方が活躍できる環境の先に、会社が成長する道筋が見えてくる。

井之川氏はアクセンチュアやSAPジャパンを経てパナソニックに参画した

第５章

「環境革新」で
成長は次のステージへ

販売後まで脱炭素

「私が出ないと、あかんやろ」。２０２２年１月６日に開いたＥＳＧ関連の取り組みを説明する「サステナビリティ説明会」では当初、環境や人事の担当執行役員らが登壇する方向で話が進んでいた。だが、楠見雄規社長が自ら登壇すると決め、「最優先で取り組むべきは世界全体の喫緊の課題である気候変動を含む地球環境問題だ」と強調した。成長の牽引役が環境であることを社内外に示した。

21年４月にＣＥＯ（最高経営責任者）に就任した楠見氏は５月、全事業会社のCO_2排出実質ゼロを30年までに達成すると宣言。10月には50年までに自社バリューチェーン全体のCO_2排出規模を上回る削減貢献の目標を発表した。22年１月に米ラスベガスで開催された世界最大のテクノロジー見本市「ＣＥＳ」では「社会のクリーンエネルギーへの移行を加速させる」と、社会全体の変革を目指す将来像を示した。

20年度にバリューチェーン全体で排出したCO_2は約１億１０００万トンにのぼる。推計では世界の電力消費による排出量の約１％を、１社で排出する計算だ。社会全体の脱炭素を加速させるため、４つの領域に照準を定めた。

省エネ家電や脱化石燃料で快適な生活を届ける「くらし」と、水素を活用する燃料電池などで再エネ１００％を工場や病院といった場所で実現する「街」、車載電池で電気自動車（ＥＶ）など環境車の普及に貢献する「モビリティ」、さらにＡＩを活用した無駄の排除を提

4領域で環境負荷を低減

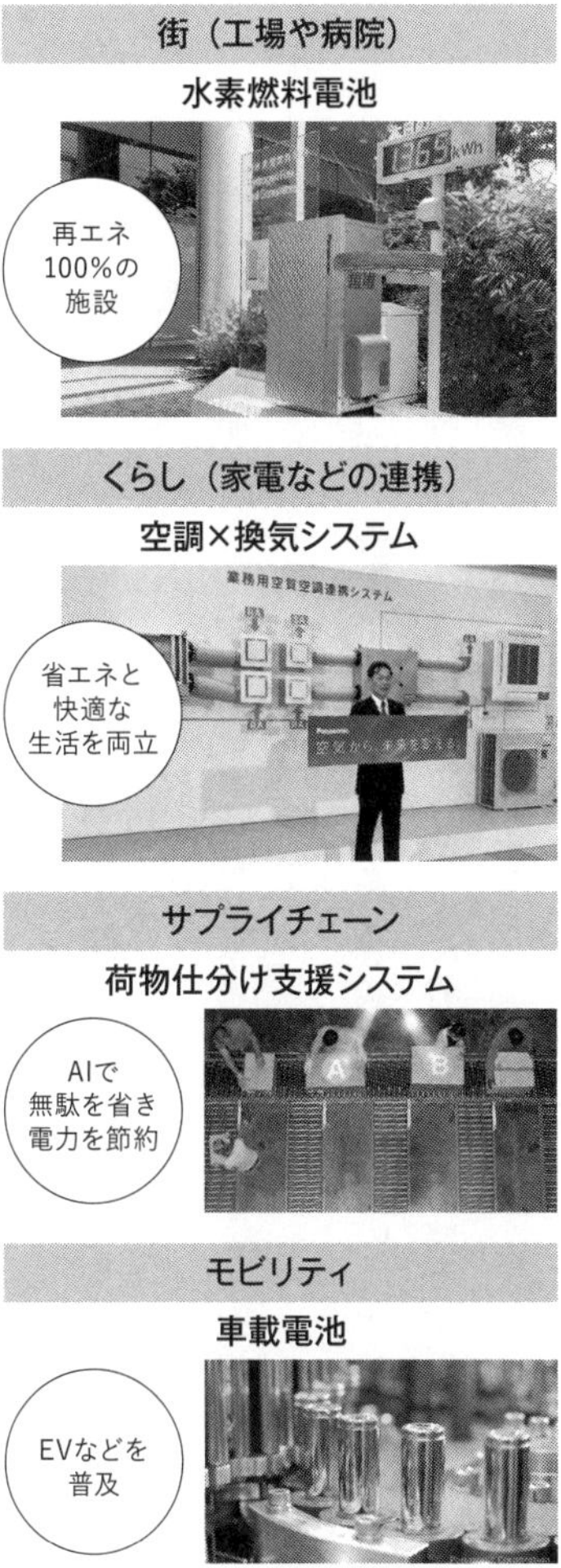

案する「サプライチェーン」だ。

販売後の電力使用に伴うCO_2排出は、自社工場での排出の40倍にあたる8593万トンに及ぶ。そのうち照明や空調・換気が8割を占める。照明でカギを握るのは、「Feu（フー）」という技術だ。照明設計では床面や机上面を基準とした照度で示すのが一般的で、独自指標のFeuは「空間の明るさ感」を定量的に示す。

ワット数が低い照明でも照らし方の工夫で、人が感じる空間そのものの「明るさ感」を変えない提案ができる。快適性はそのままで、最大数十％の省エネを実現する。担当の岩井彌部長は「顧客にFeuを提案しやすいツールづくりを急ぐ」と話す。

「空調した空気がそのまま外へ排出されている」。道浦正治常務執行役員（現事業会社パナソニック副社長執行役員）は空調と換気の関係性をこう説明する。空調で温めたり冷やしたりした空気を換気で排出すれば、膨大なエネルギーロスが発生する。これまでの機器単品の省エネ性能向上だけでは、この問題は解決できない。

21年10月、別々だった空調と換気の事業部門を統合した。機器連携で熱を回収し、最適に制御する仕組みの構築を急ぐ。22年1月末に開発したシステムは空調と熱交換換器扇、加湿などを組み合わせ、最大52％のエネルギーを削減した。成長を続けながら30年に使うエネルギー量を20年と同等以下に抑える。

本気度を疑う声はあまり聞かれなくなったが、過去の姿と重ねて継続性を不安視する関係者もいる。

「電機業界世界ナンバーワンの環境革新企業を目指す」。10年5月、当時の社長、大坪文雄氏はグリーントランスフォーメーション（GX）をいち早く宣言していた。

09年に太陽電池やリチウムイオン電池に強みを持っていた三洋電機を買収した。しかしプラズマテレビの不振で経営が傾き、立て直しに追われるうちに環境革新の掛け声はいつしか忘れ去られた。その後、太陽電池の生産から撤退し、三洋電機から買収した角形の車載電池もトヨタ自動車が過半を握る共同出資会社に切り替わった。

楠見氏は「社会のサステナビリティに貢献し、その競争力が経営のサステナビリティにつながる」という。世界中の企業がこぞって脱炭素を急ぐ中、フロントランナーに立てる保証はない。総花的ではなく、勝てる領域に集中し、技術やノウハウを磨く必要がある。

まちを実験場に

「一時的に利益が減っても、あえて過疎に悩む地方に貢献することが大切だ」。都市部への人口集中などが社会問題になっていた1960年代、松下幸之助は地方の工場建設を加速した。「一県一工場」と呼ばれる運動で、雇用増に貢献した。その後、人件費などコストの安い中国や東南アジアへの生産移転を進め、国内工場の多くは閉鎖した。その跡地を活用し、環境負荷を軽減して街としての価値創出を進める動きが出てきた。

「サスティナブル・スマートタウン（SST）」。その名の通り、持続可能なまちづくりを目指して、CO_2の排出削減や太陽光パネルの設置で環境に配慮する。第1弾は2014年に開設した藤沢SST（神奈川県藤沢市）だった。松下電器産業が関東に初めて進出した際に建設した藤沢工場の跡地に設けたもので、19ヘクタールの敷地にある全戸に太陽光発電システムや蓄電池、HEMS（家庭用エネルギー管理システム）を設置する。1990年比でCO_2排出量70％削減、生活用水30％削減を掲げる。

2018年に開設した綱島SST（横浜市）は携帯電話の工場跡地に建てた。コージェネレーションシステムを導入し、電力や熱を一括供給する。22年春開設の吹田SST（大阪府吹田市）は国内で初めて居住区や複合施設、介護施設などすべての電力を再エネ由来でまかなう。担当する宮部義幸専務執行役員（現パナソニックHD副社長）は、「街で次の価値創造にチャレンジする」と意気込む。実際に人が暮らす街で様々な実証試験ができる場としての価値に注目が集まりつつある。

これまでSSTで実施してきた実証試験は約90件にのぼる。

藤沢SSTの自律走行ロボットが荷物を配送する実験は、ロボット開発から1年かからずに実現した。「藤沢でなければ難しかっただろう」（宮部氏）。SSTで実施した実証実験のうち、10件ほどが実際に市場投入された。

今後、会社や社会がカーボンニュートラルに向かう中、街にどう機器を導入していくかが問われる局面が来る。実際に人が住み、10～20年単位で機器の入れ替えも発生するSSTの「実証の場としての意義は大きい」（宮部氏）。宮部氏は「まだ検討さえしていない段階」としつつ、「『水素タウン』としての活用の可能性もある」と話す。

綱島ＳＳＴでホンダが19年に燃料電池車（ＦＣＶ）のレンタルを始めるなど、藤沢、綱島、吹田の3カ所で30社超の企業と連携してきた。藤沢ＳＳＴは電力の使用データを8年以上蓄積しており、新たなイノベーションを生み出す資産にする。

かつてはものづくりによる付加価値の提供を、会社の第一義としてきた。幸之助の進めた一県一工場は地方経済に恩恵を与えた。しかし現在は、次世代の「お役立ち」につながる製品やサービスのふ化器としてＳＳＴを活用する。一度は立ち消えた「環境革新企業」の気概が、経営の真ん中に戻ってきた。

実証実験に使う配送ロボ（パナソニックHD提供）

CO_2排出ゼロ、カギは純水素燃料電池

目標は30年までにすべての事業会社でのCO_2排出量の実質ゼロ。この目標を達成するため、世界に散らばる約２５０の工場を中心に、省エネ・創エネ設備の導入や再エネ調達を急

いでいる。環境投資を促進する仕組みも取り入れる方針で、発電時にCO_2を発生しない純水素燃料電池にも期待を寄せている。

「中国で排出量が最も大きい工場でCO_2ゼロを達成できた」。電動自転車や電動バイク、建機などに使う電池を製造する、パナソニックエナジー無錫（江蘇省無錫市）の彭莉経営企画室長は胸を張る。

CO_2排出実質ゼロを実現した無錫工場
（江蘇省、パナソニックHD提供）

この工場は電池の充放電工程などを抱え、電力消費は中国の拠点で最大だった。そんな拠点が21年3月、他工場に先駆けてCO_2実質ゼロを達成した。

取り組みは15年ごろから始まった。２５８カ所にセンサーを設置し、エネルギー使用量を自動で分析する。電力消費の大きい冷凍機を効率の高い機器に置き換えたり、発光ダイオード（ＬＥＤ）照明を全面導入したりした。

検査工程などにロボットを導入して生産性を高め、工場稼働に必要な原動設備の消費電力を大幅に減らした。生産と原動設備の稼働をリアルタイムで制御する独自開発のシステムも導入した。取り組みを積み重ね、CO_2排出量は4年で3割弱減った。

省エネを進めると同時に、再エネ設備も取り入れた。太陽光発電パネルが置ける工場の屋上を全面的に活用し、年190万キロワット時の発電量を確保した。それでも足りない分は国際グリーン電力証書を購入してCO_2排出実質フリーを達成。中国国内で証書を確保するより安価に抑えられたという。

「証書購入などにかかる費用よりも、コスト削減効果の方が大きい」。大津尚久副総経理は力説する。無錫では環境負荷とコストの両面を軽減できた。この成功体験を横展開して、江蘇省蘇州市の電池製造拠点でもCO_2実質ゼロを達成する好循環が生まれ始めた。

パナソニックHDは事業活動で直接的に年約200万トンのCO_2を排出する。楠見社長は「（環境投資は）払わなければ事業をすることを許されず、税金と同じようなもの」と話す。脱炭素化はもはや事業継続の前提条件とみる。

「『なぜやらなければならないのか』という段階から、『どうやろうか』に変わった」。品質・

環境本部環境経営推進部の野上若菜ユニットリーダーは変化を感じる。工場の担当者からの問い合わせはひっきりなしだ。21年11月に社内で開いた関連セミナーは、従来の3倍となる470人が参加した。

約250ある工場はそれぞれ、地域や事業特性で事情が異なる。再エネ化にどれだけの費用がかかるかを試算し、進め方の起点となる材料を提供する。省エネにつながるノウハウを広く共有する役割も担う。いくら環境投資でも「いたずらにコストの高い手段は提案しないし、固執しない」（野上氏）。持続可能な仕組みの構築を目指す。

自社の拠点すべてに太陽光パネルを敷き詰めても、必要な電力の10％もまかなえないとの試算もある。CO_2排出実質ゼロは、省エネと再エネ利活用だけでなく、再エネ調達が欠かせない。関連部署すべての連携が必要と考えた野上氏らは幹部に直訴し、21年9月末に小川立夫執行役員CTO（最高技術責任者、現パナソニックHD執行役員グループCTO）がトップのタスクフォースを立ち上げた。

太陽電池だけでCO_2フリーを達成するのが難しい中、期待を寄せるのが発電時にCO_2を発生させない純水素燃料電池だ。最高水準の発電効率を持ち、長年技術を磨いてきた「エネファーム」をベースにするため、部品の共通化などでコストを削減し、品質も担保しやすい。

純水素燃料電池を使った脱炭素工場の実現に向けた実証試験が22年4月、滋賀県草津市で始まった。自社開発の水素燃料電池100台と太陽電池、蓄電池を組み合わせ、燃料電池を製造する「C17棟」の電力をまかなう。東海道新幹線の客席から見える場所にあるため、情報発信の効果も期待する。22年度中には中国・無錫工場にも導入し、自社で蓄積した技術やノウハウを23年度から社外に展開する。「つくれないところに、発電所をつくれる」（水素事業推進室の武部安男主幹）と意気込む。

社内でいかに環境に向けた投資を促進するか。梅田博和CFO（最高財務責任者、現パナソニックHD副社長グループCFO）も「環境投資をやる、やらないという選択肢ではなく、やるしかない」と断言する。排出する炭素に価格をつけて投資判断に影響を与える「インターナルカーボンプライシング」も導入した。

もっとも事業会社で温度差はある。EV用を含む電池の領域は全社目標より手前の28年にカーボンニュートラルを達成すると宣言している。米アップルのように取引先に環境対応を求める企業と付き合いがある領域は対応を急ぐ一方で、そうでない事業もある。

環境負荷の軽減は、日々の積み重ねが大きく左右するだけに、ボトムアップが欠かせない。トップの旗振りに呼応するだけでなく、ひとりひとりが自発的に自分事として捉えて取り組む文化を育む必要がある。旗振り役の野上氏はこう話す。「今までは芽を育ててきた。これからどう会社の血肉にするかだ」

CO_2×光で農作物の収穫増

地球環境問題の解決を長期的な成長分野と捉え、研究開発の軸足も移し始めている。CO_2と光などを原料に作り出した有機分子で農作物の収量増につながる技術や、水と電気を反応させて水素を生成する技術の開発に挑む。

福岡県内にある、ホウレンソウを育てるビニールハウス。21年夏、通路を挟んだ左右の農地では、一目でわかるほど育ち方が異なっていた。同じ時期に種をまき、同一条件で育てたホウレンソウだが、収穫量は40％も差が付いた。違いを生んだのが、開発を進める疑似的な葉緑体だ。１度の散布で大きな差が生まれた。

これまで血糖センサーなどバイオ反応を光や電気に変換して検出する技術を手がけてき

空気中のCO_2などから農作物の収穫増につながる有機分子を合成する（パナソニックHD提供）

た。医療機器事業を売却した10年代、光・電気をバイオ反応に変換し、環境や食料の分野で価値を創出する取り組みを始めた。18年から光とバイオ技術を融合した農作物収量増への研究に着手した。

植物の成長に不可欠な葉緑体は、取り出して人為的に利用することはできない。疑似的な葉緑体を創出し、空気中のCO_2などを原料に植物の成長を補助する有機分子を合成する技術を確立する。合成過程や作物が吸収する過程でCO_2の削減につながり、30年には全工場の排出量に相当する年240万トンの貢献を目指す。

「効果は実証できている」。担当するテクノロジー本部の児島征司氏は手応えを感じている。19年に実験室、20年に農業試験場を経て、21年に農地での実証試験を始めた。自然が相手の農業だけに、一度時期を逃すと実証試験も1年先延ばしになる可能性もある。順調にステップアップし、効果を検証できたことで研究も前に進みそうだ。3～5年後の実用化を視野に入れ、実証を重ねる。

事業会社に分かれたことで、目先の収益に直結しない研究開発の推進が難しくなる恐れもある。小川立夫ＣＴＯは「いまビジネスがないものを、事業会社でいきなりやるのは難しい」と認める。環境は10年の計と位置付け、この分野の技術開発は、持ち株会社の技術部門のメインテーマだ。「すべてのテーマについて、脱炭素などへの貢献の有無や将来どれくらい貢献できるかアセスメントしている」（小川氏）。環境へのインパクトで優先順位をつけ、戦略投資を振り分けて研究開発全体を環境重視へと導く構えだ。

長期の研究開発を進める仕組みもつくる。これまで3〜5年で新商品を出す家電の開発・生産システムがあった。環境技術の研究開発はより長期での目線を持つ必要がある。インフラ系企業を参考に「長期に取り組めて毎年のアウトプットにもこだわる仕組みをつくる」（同）という。

社会に大きなインパクトを与えるには他社との連携も必要になる。小川氏は「手を組んだことがない業界のパートナーと連携することもでてくる。しっかりパートナーに選んでもらえるレベルまで技術や商品の種を育てなければならない」と気を引き締める。

「水素」でも存在感を示す

次世代のエネルギー源として期待を集める水素でも、存在感を示そうとしている。現在は化石燃料由来であることにより、製造過程でCO_2を排出する「グレー水素」と呼ばれるものが主流だ。再エネで発電した電気と水を反応させ、水素を生成する「グリーン水素」に期待が集まる。一見縁遠そうにみえるパナソニックだが、長年蓄積してきた技術が生きる分野とみる。

小川氏は「燃料電池の知見を生かして研究開発を進める」と断言する。エネファームなどの燃料電池は、水素と酸素を反応させて電気をつくる。水と電気を反応させて水素を生成する水電解は逆反応といえ、デバイスや触媒、制御など燃料電池開発で蓄積してきたノウハウが生きる可能性がある。開発担当のテクノロジー本部・可児幸宗氏はエネファームの開発を手がけた技術者だ。

グリーン水素の普及はコストがボトルネックとされる。イリジウムなど希少金属を使用せず、比較的安価なニッケルや鉄を使い性能を高める触媒を開発した。「アニオン交換膜型水電解」という水素生成の手法にこの触媒を活用し、初期導入費用の引き下げを狙う。

22年1月に開かれた世界最大規模の米テクノロジー見本市「ＣＥＳ」で技術を展示すると、「様々な業界から問い合わせが来た」（可児氏）。設備に仕立てるには他社との連携が必要だ。実用化に向け、国内外の技術者らと議論を進める。20年代後半に実証試験を始め、30年ごろの実用化を目指す。

「世界一、世界初にこだわりながらも、企業の研究として『事業にするんだ』というマインドの醸成が必要だ」。小川氏は研究開発部門の課題をこう指摘する。かねて事業の現場と研究開発部門との距離が離れてしまったきらいもある。

10年の計だとする環境分野の研究開発は、未来を変える技術として日の目を浴びることができるか。社内外を問わず、協業先と事業の姿まで描ききる力も必要となる。

廃木材から家具用ボード

廃材の活用や素材リサイクル技術の確立、普及にも乗り出している。資源の枯渇は、

パナソニックの再生材を活用した家具

CO_2排出に並ぶ課題だ。有限な資源を循環させて将来に負担を残さない社会の実現は事業活動の継続に欠かせない。大量生産・大量消費の時代に成長してきたパナソニックＨＤは、「サーキュラーエコノミー（循環型経済）」の構築にかじを切る。

22年3月17日、都内で開いた大塚家具の新製品発表会。ベッドや棚などが並ぶ一見して普通の展示会だが、中の素材が通常と異なる。アブラヤシの廃材を活用し、パナソニックが独自開発した木質ボードを採用した。大塚家具などと組み、実験的に10以上の製品を市場に投入する。第1弾となるこの発表を、心待ちにしていた男がいる。

「これはえらいことや」。パナソニックハウジングシステム事業部（現パナソニックハウジングソリューションズ）の足立真治イノベーション本部副本部長は、17年に見たマレーシアの農園の光景が忘れられない。アブラヤシの木がなぎ倒され、腐った異臭が鼻を突く。

パーム油などの原料となるアブラヤシは、発芽から30年ほど経つと油がとれなくなる。使い道がなく伐採、放置されるのが一般的で、腐敗に伴い大量のメタンガスを発生させて地球温暖化の原因のひとつとも指摘されていた。一大産地であるマレーシアでの廃棄量は、年4500万トンにのぼる。

朽ちたアブラヤシの木が伐採後、放置されている
（国際農林水産業研究センター提供）

ちょうどその時、建材事業も不安定な材料調達に悩まされていた。近年、「ウッドショック」が注目されたように、木材の流通は逼迫していた。アブラヤシを材料に活用できれば廃材問題の解決につながるうえ、安定調達にもつながる。足立氏は帰国直後、技術開発陣に「すべてに優先して検討してくれ」と指示した。

アブラヤシは重量の半分以上の水分を含み、幹の部位によって異なる性質を持つ。丈夫で安定した木材として活用するのは難しく、材料として使われずに放置される理由となってきた。研究開発を担当した朝田鉄平チームリーダーは、「正直かなり難しいと思った」と率直に振り返る。

諦めずに工夫を重ねてたどり着いたのが、廃材を一度粉々にして繊維部分だけを取り出し、後から圧縮成形する製法だ。粉体からデンプンなどの不純物を取り出す技術を持つＩＨＩなどと協力し、独自の配合ノウハウと合わせて木質ボード向けのペレットにすることに成功した。足立氏はペレット化の技術について「ライバルはいない。それくらいキャッチアップできない」と自信を見せる。

ベッドやドアなど様々な家具や建材に広く浸透させる青写真を描く。22年度の先行販売を経て、国外にも供給を広げる。生産工場も他社と広く連携し、供給能力を高める。

電池リサイクルにコストの壁

幅広い事業を抱えるパナソニックＨＤだけに、楠見社長は「（資源循環において）できるだけ様々な領域でお役立ちを果たす」と話す。資源枯渇のなかで、特に対応しなければならないと考えているのが、ニッケルやコバルトというレアメタルを使う電池事業だ。

米ネバダ州にある、米ＥＶ大手テスラと共同運営する車載電池工場「ギガファクトリー1」

では、電池の製造工程で出た廃材を再利用する取り組みが始まっている。テスラの共同創業者が設立した米スタートアップ、レッドウッド・マテリアルズと組んだ。隣接施設で廃材の銅を溶かし、電気分解で銅箔に作り直して再活用する。

将来は中核部材の正極材に使うニッケルの再利用にも乗り出す。ニッケルは産出量の４割を占めるインドネシアなどに偏在する。電池事業を手がけるパナソニックエナジーの渡辺庄一郎副社長執行役員は「ＥＶ需要が増えればニッケルの調達が難しくなる。リサイクルは必然的に求められる」と話す。

ただ、電池を効率的に回収しリサイクルする技術が未確立でコストが課題だ。「ニッケルでも採算が合うかどうかはギリギリで、直接鉱山から購入した方が安く済む」（渡辺氏）。そこで東京大学や豊田通商などとの共同研究に参加した。工場で出る廃材や使用済み電池から材料を低コストで取り出し、加工するプロセスを開発する方針だ。

ＥＶの本格普及を見据え、電池の資源循環を促すルール作りも進む。欧州連合（ＥＵ）は20年に公表したバッテリー規則案で30年から電池生産に一定比率以上のリサイクル材の使用を義務づける方針を示した。事業の継続に、リサイクル技術の確立は待ったなしだ。

一方、家電リサイクル法など各国で法律が定められ、早くから取り組む家電分野では、「さらに踏み込んでどんなことをやるか」（楠見社長）が問われる。培ってきた技術を商品開発にも生かす取り組みが、兵庫県加東市で本格化しつつある。

年間90万台規模のテレビやエアコンなどの家電製品をリサイクル処理する、パナソニックエコテクノロジーセンター（加東市）では、01年の事業開始からこれまでに1700万台を処理し、自動車約38万台分にあたる鉄などを回収してきた。赤外線と風を使って3種類の樹脂を高精度に選別する独自技術なども開発してきた。

本章の冒頭で紹介した「サステナビリティ説明会」での楠見氏の環境重視の発信後、エアコンや冷蔵庫などの技術陣、開発幹部の来訪が急増している。リサイクル素材の活用も含む環境デザインを重視する重要性を説くと、「はっとした顔を見せる人も少なくない」（河野宏樹社長）。これから開発した製品がリサイクルとして帰ってくるのは10年後だ。「時間がかかるからこそ、早く取り組んでほしい」（河野氏）

循環型社会に本格的に突入すれば、モノを長く使うことによる資源節約という考え方も広がる。大量消費を前提とする販売数量増による成長モデルが描きにくくなる可能性がある。新しい競争軸で勝ち抜くために自らを変革できれば、再起への道が見えてくる。

「S」と「G」での改革にも取り組む

会社のサステナビリティ（持続可能性）の実現は、環境保護だけでは十分ではない。日本企業の平均より低い女性管理職比率の引き上げなど、様々な背景を持つ個人それぞれが活躍できる仕組みをつくる必要がある。人材獲得競争も激しくなる中、働きやすい文化の醸成の遅れは、長期的に会社の競争力そのものを傷つけるリスクが高い。「E（環境）」に加え、「S（社会）・G（ガバナンス）」でも改革を急いでいる。

「伝統的な考え方が、ESG経営そのものだ」。22年1月のサステナビリティ説明会では、楠見社長がこう強調した。松下幸之助が説いた「物と心が共に豊かな理想の社会の実現」という使命の達成に向け、経営理念に立ち返ることがサステナビリティやウェルビーイング（心身の健康や幸福）につながるという。

その経営理念の行動規範となる経営基本方針を約60年ぶりに改訂したのは覚悟の表れだ。「従業員も皆幸せでないと、ウェルビーイングな社会は作り出せない」。多様な社員が活躍できる素地を整えてこそ、会社が成長できる。そのための施策を急ピッチで準備する。

楠見氏は中堅幹部である女性のシニアマネジャーらと月1～2回、ざっくばらんに情報交換する場を設ける。会に出た話題は、誰もが働きやすい人事施策に向けた改善の種となる。

会議に参加するライティング事業部の栗山幸子氏は、男女雇用機会均等法施行後の第1世代として松下電工（現パナソニックHD）に入社した。事業責任者として幹部が集まる会議に出るようになると、女性の出席者はひとりだったという。数年たっても、課長クラスの女性比率はまだ少ないままだ。

週休3日で「選ばれる会社」に

パナソニックHD全体の女性管理職比率は5％にとどまる。帝国データバンクの調査では日本企業全体の割合が8・9％。22年6月に少徳彩子氏が生え抜き女性社員として初めて取締役に就任するなど少しずつ変わる機運はあるが、後れを取っている。

打開に向けて21年、意思決定機関に占める女性割合の向上を目的とした世界的なキャンペーン「30％クラブ・ジャパン」への賛同を表明した。30年までに持ち株会社の女性役員比率を３割に高める目標を掲げる。持ち株会社が対外的に発信し、各事業会社での取り組みを加速する考えだ。

栗山氏は18年に「ノゾミプロジェクト」という活動を開始した。照明事業部で課長クラス以上だった女性９人が集まり、ダイバーシティ推進に向けた議論を始めた。将来の女性課長職候補やその上司などに聞き取り調査を実施し、壁を取り除く情報発信やメンター活動を続ける。

「女性活用が進んでいる、という印象を持つ人もいる」。栗山氏が指摘するように、かつてのパナソニックは女性活用が進んだ会社という印象を持たれていた。01年に「女性かがやき本部」という組織を設け、当時の中村邦夫社長が女性登用の拡大を宣言した。経営層への登用などを進め、リモートワークなどの制度導入も進んだ。ただ、時間が経つにつれて「手段が目的化してしまい、継続性を欠いていた」（パナソニックＨＤ人事担当の三島茂樹執行役員）。

「エクイティ（公平性）」の考え方が改革のカギを握る。これまでは長時間労働や休日出勤による成果などを反映する人事評価制度や昇格制度が残っていた。生産現場を起点とした人事制度とも言える。

ただ、介護や出産、育児だけでなく様々なライフイベントがあり、働く前提条件はひとりひとり異なる。公平性を担保するには「製造業や工業化を前提とする一律の人事制度から脱却する」（同）必要がある。

人材獲得競争は激しい。かつては大企業などが主導していたキャリアの決定権は今、個人が握る。大企業が有利、という側面は薄れ、選ぶ側でなく選ばれる側になった。その競争の中で「淘汰されるかされないか、ギリギリのところにいる」（同）。

三島氏は様々な人事制度の改革について、「本当は、10年くらい前にやっている必要があった改革かもしれない」と話す。遅れを認識するからこそ改革を急ぐ。

楠見社長が表明した「週休3日」の導入方針も、選ばれる会社への一歩だ。人事担当の三島氏に週休3日の導入方針表明が伝えられたのは、発表の2日前だった。楠見氏が社員それぞれの違いを尊重する会社になるという強い思いで入れ込んだ。三島氏は驚きつつも、「選択肢として持つ必要があるということの表れで、強い後押しだ」と話す。

ガバナンス改革も始まった。変化のひとつが、持ち株会社が設置した「サステナビリティ経営委員会」だ。楠見氏が委員長となり、人事の三島氏、環境担当の小川グループＣＴＯが副委員長としてグループ全体にまたがる「Ｅ（環境）」や「Ｓ（社会）」の課題を議論する。政策を立案し、事業会社の実行支援まで担う。

楠見氏やグループＣＦＯの梅田氏らが事業会社の取締役会に参画し、グループ全体の視点でガバナンスを利かせる仕組みを模索する。一部には社外取締役を招く事業会社もある。１００％子会社であっても取締役に就けば責任は重くなる。「これまでになかった発案で、意思決定の質を高める取り組み」（梅田氏）だ。

社内では「ＥＳＧ」という言葉でなく、「サステナブル」という言葉が頻繁に使われる。投資用語でなく、会社として持続可能な姿を目指す意図が込められている。人事施策もガバナンスも、社会や時代の変化によってあり方は変わりうる。創業１００年を超えてなお、変化を恐れず、あるべき姿を模索する先に、希求するサステナブルな会社の姿がみえてくる。

第 6 章

スポーツを広告塔からビジネスに

コストセンターを脱却

ラグビーなど傘下のスポーツチームが事業へと変わり始めている。各チームは本社と事業部門にひも付き、広告塔としての役割や社員の結束を目的としてきたが、組織の縦割りを打破し、データを集めて稼ぐ事業に育てようとしている。

大阪府の京阪本線枚方公園駅では、男子バレーボールチーム「パナソニックパンサーズ」のポスターや垂れ幕が目立つ。パンサーズは2021年東京五輪代表の清水邦広選手らを擁する名門チームだ。パナソニックが21年に京阪ホールディングスと連携協定を結んだことで、同駅はパンサーズの掲示物がほとんどなかった2～3年前から様変わりした。

仕掛けたのは20年に発足した本社直轄の組織「スポーツマネジメント推進室（現パナソニックスポーツ）」。チーム強化に特化していた旧組織に取って代わった。営業や企画などビジネスを担う人材をチームに派遣し、外部企業や社内の事業部とのパイプ役も果たす。推進室を率いる久保田剛室長（現パナソニックスポーツ社長）はJリーグの大宮アルディージャの取締役を務めた人物だ。

ガンバ大阪の運営会社に7割出資するほか、ラグビーの「埼玉ワイルドナイツ」も抱える。電気設備事業はアメリカンフットボール、企業向けシステム部門は女子陸上のチームなど事業部門も個別にチームを運営している。優勝経験が豊富で、五輪代表も輩出する強豪チームばかりだ。

バレーボールチーム「パンサーズ」。森下洋一元社長もパンサーズの選手だった（パナソニックHD提供）

傘下のスポーツチームの売上高は約50億円で、20年度はガンバ大阪が44億円を稼ぎ出した。パンサーズの売上高は年1億円超とみられる。チケットやスポンサー契約の収入だけでは人件費などをまかなえず、各チームをあわせた全体の収支は赤字だ。スポーツマネジメント推進室の笹木秀一部長は「社員の士気高揚や地域貢献のために年数十億円を投じるコストセンターだった」と打ち明ける。

スポーツ事業を担当する片山栄一常務執行役員（現事

業会社パナソニック副社長執行役員）も「これまでスポーツチームを運営する目的意識が明確ではなかった。スポーツを事業として根づかせたい」と強調する。

スポーツマネジメント推進室は傘下のチームや事業部との連携強化に取り組む。各チームの幹部が定期的に顔を合わせ、予算配分や新型コロナウイルスへの対応、マーケティングのノウハウなどを共有する。久保田室長は「従来は勝利が最優先で、各チームが連携する必要性が乏しかったが、ビジネスでは相乗効果を見込める」と話す。

ガンバ大阪とパナソニックが共同で取り組むデータ活用を、パンサーズなど別チームでも導入する。パナソニックはデータアナリストを3人派遣し、20年に自前のチケット販売システムや電子商取引（ＥＣ）サイトを導入した。ファンの属性やチケット、グッズの購買データを収集・分析し、販売促進に活用する。

データアナリストは対戦相手に基づいて来場者数を予測したり、性別や年齢層によるグッズの購入傾向の違いを分析したりする。試合に足を運び、ファンの行動も観察し、「地元客は出足が遅いため試合前のイベントは遠くから訪れるファミリー層を狙おう」などと着想を得て、イベント会社と企画案を練る。

スポーツマネジメント推進室の松岡透主務は「パンサーズの収益拡大の余地は大きい」と話す。20年に新設したファンクラブは約1年で会員数が約7000人に達し、グッズも売り上げが20年度で約2500万円と19年度の7倍に増えた。ファン層の9割が女性だ。

ガンバ大阪は観客の約7割が地元住民で安定した集客を得られた経験から、パンサーズも地元ファンの獲得に力を入れる。21年に地元の後援会を立ち上げ、枚方市などの商工会議所に加盟し試合情報を発信する。選手が地元で毎月開かれる定期市を練り歩くこともある。

スポーツ事業は29年度に売上高150億円と現状の約3倍に増やす目標を掲げるが、パナソニック全体の売上高約7兆円（現在のパナソニックホールディングスは約8兆円）のなかでは大きな規模ではない。ただ、スポーツは社内外で注目度が高いだけに、従来の企業スポーツの範疇を超えて自立して成果を上げ、グループの士気を高める役割を担う。スポーツ事業が抱える課題も組織の縦割り打破やデータ活用、新規事業の創出といったグループ全体と共通するものでもある。スポーツ事業を通じて得た知見をグループに還元することでシナジーも生まれうるとみている。

ガンバ大阪がビジネス講座

スポーツチームの収益化に乗り出した背景に所属リーグの制度変更もあった。バレーボールのVリーグは20年度からホーム&アウェー方式を本格採用し、ホームでの試合数が増加した。ラグビーは22年から新リーグが開幕し、各チームが自前でチケットを販売できるようになった。ホーム試合での集客など経営努力が収益に結びつきやすくなった。

スポーツビジネスに詳しいマグノリア・スポーツマネジメント（埼玉県入間市）の森貴信代表は「スポーツリーグは過渡期にある。東京五輪・パラリンピックが終わって各競技が生き残りをかけ刷新に動いている」と指摘する。

ガンバ大阪は新型コロナウイルス禍の入場制限により、20年度のチケット収入が約7割減少した。売上高は44億円と前の期より約2割減り、3年ぶりの最終赤字だった。21年度は入場者数が20年度からさらに約2割減っており、赤字となったもようだ。

ガンバ大阪顧客創造部の奥永憲治課長は「新型コロナ禍に振り回されている」とこぼす。チケット収入はコロナ禍直前の19年度で12億円と浦和レッズなどに次ぐ4位だっただけに、入場制限の影響は大きい。データを生かして企画したイベントなどが奏功し、平均入場者数が前年から2割増えて過去最多を更新した直後だった。

それでも「めげずに取り組む」（奥永氏）と、新たな収益源を探る。代表例が21年に開講したスポーツビジネスを学ぶ社会人向け講座だ。外部講師による講義やスタジアム、イベントの視察後、グループワークで集客イベントを企画し、ガンバ大阪の試合で実行する。提供料金は30万円（税別）と高額だが、第1期はメーカー社員や経営者など定員の3倍近い約１００人の応募が集まった。

広告価値も依然として大きい（共同通信）

クラウドファンディングやインターネットでの物販にも力を入れる。21年にはクラブ創立30周年を記念したクラウドファンディングで、約６５００万円の支援を集めた。パナソニックとの間ではガンバ大阪のロゴ入りのワイヤレスイヤホンを企画し、クラウドファンディングで当初目標の4倍の１０００万円近い資金が集まった。

ラグビーのワイルドナイツは21年、新リーグ発足をにらんで本拠地を群馬県太田市から近隣の埼玉県熊谷市に移転した。ホームとする熊谷ラグビー場はラグビーワールドカップの試合も開かれた施設で、収容人数は2万4000人と移転前より2割以上増えた。20年にオーストラリアの強豪クイーンズランドレッズと提携し、親善試合などでリーグ戦とは別に集客を目指す。

Jリーグなどプロスポーツでは I T企業の参入が活発だ。メルカリは19年に鹿島アントラーズの経営権を得たほか、22年にはミクシィがFC東京の運営会社を子会社化した。NECとサントリーホールディングスは、21年に傘下のスポーツチームの事業化を担う新組織を設立した。

パナソニックHDも22年4月にスポーツ事業を事業会社、パナソニックスポーツとして分社し、意思決定を早めている。将来は埼玉ワイルドナイツなど傘下のチームも分社し、スポーツ持ち株会社となることも視野に入れる。マグノリア・スポーツマネジメントの森氏は「（パナソニックなど）大手メーカーは資金力があり、社内にデータサイエンティストやシステム開発部隊を抱えている。潜在能力は高い」とみる。

片山常務執行役員は「スポーツへの投資規模は日本企業でトップクラス」と胸を張る。強化に投じた資金は戦績に結びつき、傘下のチームの市場価値を高めた。パナソニックはガンバ大阪とパンサーズ、ワイルドナイツの広告換算価値を19年度時点で合計130億円と見積もる。

「スポーツはコンテンツビジネス。強さが最大の資産になる」と、スポーツマネジメント推進室の久保田室長は話す。勝利でファンを引きよせ、チケットやグッズ販売で得た資金をチーム強化に充てる好循環を築く考えだ。

グループ内をつなぐ紐帯を目指す

1950年、松下幸之助はGHQ（連合国軍総司令部）による制限などで苦しんだ事業の再建を目指すなか、「スポーツを通じて従業員の士気を高め、全体の団結を図る」と表明し、松下電器産業に軟式野球部を設立した。52年までにバレーボール部やバスケットボール部も立ち上げた。

松下電器は本社の人事・広報部門がスポーツチームを管理し、社内の結束とブランドイ

企業スポーツを約70年運営する

1950年	松下電器産業が野球部を創設
51年	バレーボール部を設立
60年	三洋電機がラグビー部を創設
1974年	松下電工がアメフトチームを創部
1980年	松下電器がサッカー部（現ガンバ大阪）を設立
2011年	パナソニックがパナソニック電工（旧松下電工）と三洋電機を完全子会社化
13年	バスケ部、バドミントン部を休部

メージ向上を期待した。2011年に完全子会社化した三洋電機やパナソニック電工（旧松下電工）の傘下だったチームも引き継ぎ、チーム名に「パナソニック」を冠して継続し、グループ内の一体感を醸成する役割を担ってきた。

有名選手も多く、阪急ブレーブスで活躍した元プロ野球選手の福本豊氏はもともと松下電器の社会人野球チーム出身だ。19年のラグビーワールドカップ（W杯）ではワイルドナイツの稲垣啓太選手や堀江翔太選手らが活躍した。

経営幹部にも人材を輩出しており、空調事業担当の道浦正治常務執行役員（現事業会社パナソニック副社長執行役員）はアメフトの「インパルス」、松下電器の森下洋一元社長はパンサーズの選手だった。

ただ、スポーツの収益化は容易ではない。13年に業績悪化に伴って、小椋久美子・潮田玲子両選手の「オグシオ」ペアを擁したバドミントン部やバスケットボール部を事実上の廃部とした過去がある。久保田室長は「スポーツは本業ではない。自立できなければ廃部になりかねない」と危機感を募らせる。

企業スポーツが担う役割の重要性は変わらないものの、グループの業績が再び落ち込めばチームの維持費用に目が向くだろう。しかし、グループの中での役割は今後さらに増す。事業会社に自主責任経営を求める持ち株会社制度への移行により、グループへの帰属意識が弱まる「遠心力」が働きかねない。久保田室長は「持ち株会社化にあたり、スポーツがグループの紐帯《ちゅうたい》になる」と強調する。

甲子園の照明に虎

スポーツ施設の演出提案にも商機を見いだしている。LED照明や音響・映像装置など自社の製品や技術を結集して提供するだけでなく、スポーツチームや施設の魅力を高める演出を売り物にする。「スポーツの価値をアップデートさせる」。そう野望を語る仕掛け人は、現場ならではの経験を生かそうとする元ラガーマンだ。

「都市部のとあるアリーナでは、チームに点数が入るとアリーナ全体の照明が輝く。球場外の街灯や周辺施設の照明までもチームカラーに変化する。道行く人も一緒になって盛り上がる」

21年11月、パナソニックは取引先限定の展示会でこんな未来像を提案してみせた。先導したのは、20年にパナソニックが設置したスポーツビジネス推進部だった。「施設内だけで盛り上がっても固定ファンしか喜ばない。地域の人を巻き込んで『何をやってるんだろう』と思わせないと」。ラグビー元日本代表の宮本勝文部長は力説する。地域を巻き込む大規模な演出が実現するのはまだ先だが、その芽は生まれ始めている。

22年に阪神甲子園球場（兵庫県西宮市）の投光器をパナソニック製のＬＥＤに切り替えた。瞬時に明滅できるＬＥＤの特徴を生かし、阪神タイガースのマークや虎模様を浮かび上がらせるシステムも導入。静止画だけでなく、虎が走ったりジェット風船が飛んだりするアニメーション風の演出も取り入れた。

甲子園ではＬＥＤ化などでＣＯ$_2$排出量を従来比で60％減らせる見込み。エンタメ性だけでなく環境性能や経済性の高さも訴求する。

埼玉西武ライオンズ本拠地のメットライフドーム（現ベルーナドーム、埼玉県所沢市）では21年に約3年に及ぶ改装が完了し、パナソニック製の大型ビジョンや３００台のデジタルサイネージ、音響装置などを一括で制御するシステムを導入した。

パナソニックは甲子園球場で阪神タイガースのマークや虎模様を浮かび上がらせるシステムを導入

来場者から好評なのが、ホームラン時の演出だ。大型ビジョンに「ＨＯＭＥＲＵＮ」などの言葉を映し出すのは他球場と同じだが、場外の飲食店や売店のサイネージもホームラン演出の画面に切り替わる。「たこ焼きのメニューを見ていたら、いきなりホームランの演出になることもある」（埼玉西武ライオンズ）。座席から離れても、試合の流れを体感できる仕組みだ。

球場でグルメやイベントを充実させても、試合中は外への回遊が少なかった。場外演出を充実させたことで、観客が席から遠いショップまで回る傾向が強まったという。

LEDの演出でリンクが劇場のように際立つ
（フラット八戸提供）

国内で高いシェアを持つＬＥＤ投光器を活用した提案にも力を入れている。20年開業のアイスホッケーリンク「ＦＬＡＴ　ＨＡＣＨＩＮＯＨＥ（フラット八戸）」（青森県八戸市）が先進事例だ。一般的にはリンク上面に設置する投光器をリンクの外側に取り付ける。直線的な光で内側のリンクに向けて光が届く設計にすることで、劇場のように明暗がくっきり分かれた空間をつくり上げた。

ゼビオホールディングス子会社で同施設を運営するクロススポーツマーケティング（東京・千代田）の青山英治氏は「観客は余計なモノが目に入らずに楽しめるし、選手も試合に集中できる。パナソニックの協力があったからこそ、カッコ良く見せる演出が実現できた」と説明する。約１３０台の投光器の照度や設置角度は緻密に計算したものだ。

タブレット端末1台で演出操作ができる点も特徴だ。フラット八戸のプロジェクターや音

スポーツ施設で使われるパナソニックの商材

LED照明	まぶしさを軽減するレンズ技術や耐震性能などが強み
大型画面	メットライフドームには幅46メートルの巨大画面を設置
プロジェクター	軽量と「赤」の表現力が特徴。東京五輪の開会式でも活躍
制御システム	他社製品も組み込んで、照明や音響などを一括制御
顔認証システム	顔認証の入場管理システムを開発。東京ドームにテスト導入
実況配信システム	スマホ向けに実況などを生配信するサービスを開発

響設備は他社製だが、全体の制御システムはパナソニックも携わった。専門知識がなくてもＬＥＤを点滅させたり映像を映し出したりする「ゴール」などの演出ができるため、子どもが利用する際にも端末を貸し出している。こうしたスポーツ施設向けの演出提案や照明などの物販事業の売上高を25年度に現状の3割増の90億円に伸ばす目標を掲げる。

パナソニックがスポーツビジネスに力を注ぐのは、照明や音響・映像機器など演出に関わるノウハウを活用できるためだ。新型コロナウイルス禍で需要が高まる顔認証による入場システムなどは各社の競争が激しいが、従来強みを持つＬＥＤや映像装置を契機にすれば、スポーツ施設への提案もしやすくなると見ている。

課題は過去の体制からの脱却だ。これまでは各商材の窓口はバラバラで、「照明や映像機器など複数の担当者が別々に営業に行くこともあった」（関係者）。一方、現体制下では「トータルパッケージとして提案できる」（宮本氏）として、演出のコンサルティングのような業務にも力を入れる。

元選手の視点が原動力に

スポーツビジネス推進部を率いる宮本氏の、元選手としての問題意識も原動力になる。宮本氏は1988年に三洋電機（現パナソニックHD）に入社し、ラグビーチーム「ワイルドナイツ」で活躍し、同チームや同志社大学の学生チームの監督も務めた。そうした経験の中で「スポーツビジネスに対して『なぜこうなっているのか？』と感じることが多々あった」と振り返る。

例えば「日本は欧米に対して、スポーツ選手への対価が少ない」（宮本氏）。選手の収入を増やすためにも、エンタメ性の高い演出で客単価上昇と顧客層を広げることが必要だと説く。

学生スポーツに関しても「コアなファンと、親御さんしか来ていない」（宮本氏）と指摘する。フラット八戸のように、誰でも操作のできる演出システムが普及すれば、来場者が増やせると見る。宮本氏は「どうすればお客さんを増やせるか、学生自身が学ぶ機会にもなる」と話す。

政府は2017年に約8兆4000億円のスポーツ産業の経済規模を25年までに15兆円に高める目標を掲げる。スポーツ参加率の向上やフラット八戸のような民間視点を入れた施設運営の普及などが背景だ。バスケットの「Bリーグ」のようなプロリーグの増加も経済圏の拡大を後押しする。

新型コロナウイルス禍では多くのスポーツイベントが入場制限や試合中止に追い込まれた。施設を建設・改修する自治体やスポーツチームが投資を控えるようになれば提案する演出技術の出しどころが少なくなる。エンタメ性の向上が投資拡大につながる好循環を絶やさないためにも、機器を提供するメーカーとしてだけでなく、スポーツ全体の振興策を提案できる企業に変わらなければならない。

第 7 章

再成長の芽を探せ、
各事業部門が描く戦略

スピード経営「コネクト」が牽引

「判断のスピードがあがった」「経営の自由度、柔軟性が増した」。2022年4月に持ち株会社制に移行した後、事業会社の社長はこう口をそろえるようになった。グループ全体の売上高は22年3月期で7兆3887億円。家電や住宅設備、電池、自動車部品など事業領域が広いかつてのパナソニックは、様々な経営判断が後手に回りがちだった。

家電を担当する事業会社、新パナソニックの品田正弘社長は、持ち株会社制への移行で「適切な投資を適切なタイミングでできるようになったのは大きい」と語る。

グループに欠けていたスピードという「異文化」を持ち込んだのが、日本マイクロソフト出身の樋口泰行社長が率いる事業会社パナソニックコネクトだ。

22年5月、21年秋に完全子会社化したばかりの米ソフトウエア会社ブルーヨンダーを中核にした新会社を設立し、上場も視野に入れると表明した。新会社の設立時期も上場市場も決まっていない段階での発表は、「らしくないやり方だ」との声もあった。樋口氏は「システム開発の分野はスピードが明らかに異なる。事業会社の改革の先頭に立つことが求められている」と意義を語る。

スピード重視の姿勢は他の事業会社にも伝わりつつある。２章で紹介した電気自動車（ＥＶ）用電池の米新工場計画。事業会社パナソニックエナジーが22年7月に発表したタイミングは持ち株会社の取締役会の承認を得る前だった。約５５００億円を投じる一大プロジェクトであるにもかかわらずだ。

パナソニックエナジーの只信一生社長は「クルマの電動化が進む中、米国での生産拡大は非常に重要」と話す。米カンザス州の議会で投資誘致補助金の申請が承認されたタイミング。中国や韓国の電池メーカーも米テスラへの供給を拡大する中、アピールを強めるうえでも早期の決断が必要だった。

ＥＶシフトのうねりは世界中に広がり、電池の需要も飛躍的に高まる。テスラ以外の自動車メーカーにも電池の供給を広げる方針で、将来的に北米の生産拠点をさらに増やせば総額１兆円を超える資金が要る可能性もある。

パナソニックホールディングス（ＨＤ）は、ブルーヨンダーを核としたサプライチェーン効率化支援とＥＶ電池を成長領域と位置づける。競争も激しく、時宜を捉えた投資判断は不

主要事業の売上高はいずれも1兆円規模
（全体では8兆3789億円）

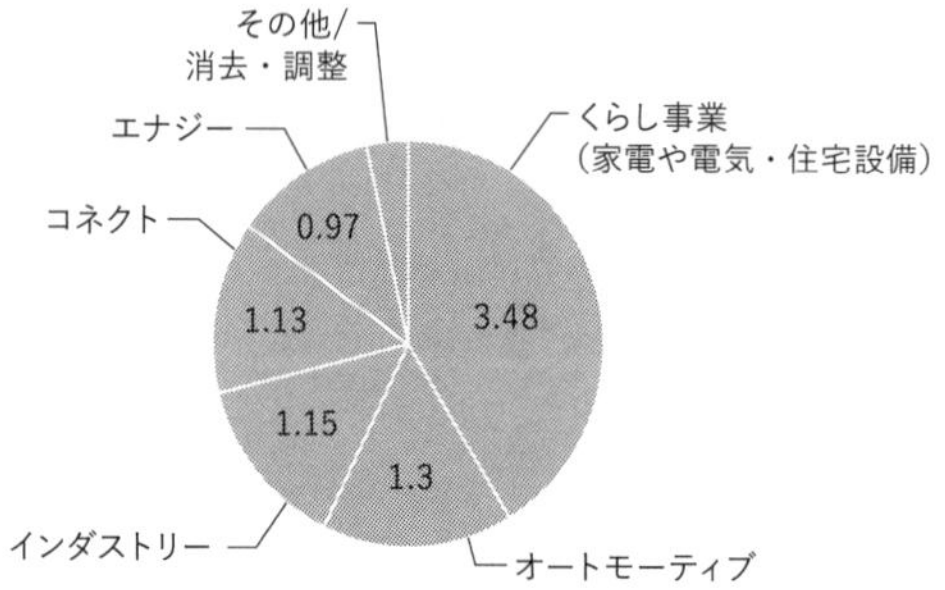

（注）22年度、単位は兆円

可欠だ。

一方、売上高が3兆円を超える最大の事業会社パナソニックの品田社長は「大きい所帯なので他の事業会社に比べるとまだスピードは遅いかもしれない」と話す。迅速な判断、行動が絶対に必要だという前提の下で現状を分析し、徐々に改善しようとしている。

個々の成長戦略を描く

事業会社は経営スピードを速めるだけでなく、主力事業の規模を追ったり、新規事業に全力を傾けたりするなど、それぞれの成長戦略を描く。パナソニックHDの楠見雄規社長は各社が設ける非財務のKPI（成果指標）といった経営の目標に加え、

「数値として追いかけるのはキャッシュ創出力」と指示がシンプルだ。事業会社の自主性を重んじつつ、成長の方向性を見失わないよう、細やかな配慮をしながらのかじ取りを続けている。

規模を追う戦略を描く代表例が、電子部品を担う事業会社パナソニックインダストリー。「ポートフォリオの組み替えは終わった。国内上位勢と競い合える土壌はできた」。坂本真治社長はグローバルトップ企業の仲間入りを目指すことを、社員に高らかに宣言した。そのためには規模の拡大が欠かせない。足がかりとして日本電産（現ニデック）、TDK、京セラ、村田製作所という国内上位４社に挑む必要がある。グローバルで高いシェアを持つコンデンサーやEVリレーなどに経営資源を集中し、さらなる高機能化を進めて業界水準を上回る成長曲線を目指す戦略を描く。

象徴と言えるのが欧州の主要拠点であるスロバキア工場だ。13年に年商約300億円だったが、23年に1000億円を狙えるまでに育った。電動工具用の充電システムという従来の製造品を基に、EVリレーやコンバーター、フィルムコンデンサーといったコア商品を組み込んだ製品を加えて工場を拡張してきた。

国内で光学式ドライブを作っていた熊本の拠点も需要減少にあわせて設備を入れ替え、生産はコア製品となる導電性高分子コンデンサーの前工程に集中することにした。コアな技術は日本に残し、ものづくりのDNAも受け継ぐ。「(収益性は)村田製作所を除く3社との距離が近づいている。これからは売り上げ規模にもこだわっていく」(坂本社長)

高級キッチンを家具店で

パナソニックハウジングソリューションズの山田昌司社長は製品力の強化に加え、販売手法にメスを入れる。「売り場を変えた瞬間に売れるものはたくさんある」。代表例が22年6月に発表した高級キッチン「カレサ」。パナソニックハウジングソリューションズからの営業や販売活動はせず、家具専門店を運営するアクタス(東京・新宿)限定で売り出した。

住宅設備ではなく、「高級家具」として提案し、発表初日のショールームには200社を超える不動産会社や設計事務所が訪れた。山田氏は「こんな数は自社の営業では集められなかった」と手応えを感じている。

パナソニックハウジングソリューションズは全国に60超のショールームを持つ。「消費者から２時間程かけて困りごとを聞く場。これだけの顧客接点を持っているのはＨＤの中で我々くらいだ」（山田氏）。これまでは新築・リフォーム向けの住宅設備だけを提案してきた。今後はデザイン家電やＩｏＴに対応した電気設備など、グループの商材を併せて提案する構想を抱く。

高級キッチン「カレサ」はインテリア店舗で販売
（パナソニックHD提供）

各事業会社がそれぞれの競争環境に勝ち抜くための最適な戦略を柔軟に描き、競争力を高めた結果としてグループ全体の収益力が高まる。そして次の投資に振り向ける営業キャッシュフローを積み増す。投資や研究開発の資金は基本的に事業会社が捻出し、どうしても不足したり、戦略的にスピードが求められたりする際に限り、持ち株会社が補塡して助ける。これが自主責任経営の基本形だ。いまのパナソニックＨＤは、その入り口には立っている。

もっとも、持ち株会社制が万能というわけではない。

楠見氏（右）は「電子書籍で常に幸之助の言葉を見返せるようにしている」（写真左はパナソニックHD提供）

ＨＤ傘下に8社が並ぶ仕組みが始まって1年。事業会社が太い木の幹に育つうえで、無秩序にそれぞれの幹が枝葉を伸ばして別の幹の成長を邪魔し、全体の成長を阻害しては本末転倒だ。ＨＤの三島茂樹執行役員は「採用でも事業会社が制度や仕組みをアピールしあって人材の取り合いになっては意味がない。ある程度のルールづくりは必要」と話す。

ＨＤは事業会社という幹を横につなぐ梁《はり》の役割を担う。自主責任経営の看板を掲げた以上、細かく口出しすることは避け、事業会社の判断を尊重して見守る。そして結果を厳しく問うことで、梁を強く、太くしていく。楠見氏は「（ＨＤは）壁打ち役に徹すればいい」と繰り返し発言してきた。

楠見氏の胸の内には、松下幸之助の教えに立ち返る「原点回帰」がある。「電子書籍で常に幸之助の言葉を見返せるようにしている」ほどで、幸之助の言葉や考えを今の経営にどう生かし、従業員の心にとどめてもらうかを常に意識している。９年ぶりに刷新したＨＤのブランドスローガン「幸せの、チカラに。」は、「物心一如」など幸之助の考えや経営理念を、現代風に意訳したものだ。自主責任経営という考え方も、幸之助が１９３３年に導入した事業部制まで遡ることができる。

「薄利多売より厚利多売」

新生パナソニックＨＤを象徴する改革だと取引会社などを驚かせたのが、２章でも紹介した商品の開発サイクルを変える取り組みだった。巨大企業にありがちな習慣や慣例といったものの抜本的な見直し。「消費者が望んでいない機能を追加した新製品を開発して、顧客は満足するだろうか。製造者目線になっていないか」。白物家電を担う事業会社パナソニックの品田社長は話す。

長期間使い続けてもらえる製品に仕上げるため、市場シェアが高い食洗機やドライヤーなどについては商品投入のサイクルを2～3年に伸ばしたい考えだ。一方で家電量販店との取引形態を見直し、返品に応じる代わりに指定した価格で販売してもらう試みが徐々に定着してきた。21年度には家電全体の8％（金額ベース）でこの仕組みを取り入れた。22年度末には2割程度にまで広がった。

プレミアム価格帯の家電も拡充する。パナソニック傘下で家電を製造するくらしアプライアンス社の松下理一社長は「海外などの安価な製品を提供するメーカーと真正面から戦っていては、パナソニックの価値が出せない」と話す。取り組むべきは高単価で利幅の高い製品群。まだ掘り起こしきれていない隙間商品は残されているとみる。

家族構成の変化を考えれば、これまでのような大家族向けの家電以外に、共働きの2人世帯や単身世帯向けで満足してもらえる高級機の品ぞろえを増やす必要がある。炊飯器や食洗機など幅広い分野の中小型機でも2～3年売り続けられる力をもつ高付加価値の製品を投入すれば収益力は底上げできる。「薄利多売ではなく、厚利多売を目指そう」。こうした取り組みにも、幸之助の考えが息づく。

原材料高という逆風も吹く中で、25年3月期までの3年間で累計営業キャッシュフロー2兆円という目標に挑むパナソニックＨＤ。達成するためには各事業会社の収益力を底上げしなければならないが、23年3月期の営業キャッシュフローは５２０７億円にとどまった。

ＨＤの梅田博和・グループＣＦＯ（最高財務責任者）は「エナジーやインダストリーでは価格転嫁を進めてきたが、まだ進んでいない家電で価格改定や取引形態の見直しを決めた。これが今後の業績に効いてくる」と指摘する。「資金創出に向け、在庫削減などについても水準を見極めていく」とも強調している。

持ち株会社制への移行で、各事業会社の現状の強みと弱みが明確になりやすくなった。自主責任経営という言葉を打ち出す究極の目的は事業会社の競争力の底上げだ。そして徐々に結果が求められるステージに移ってくる。

新事業を生む土壌はできたか

「足りないのはソフトの技術ではない、どのように稼ぐかの経営ノウハウだ」。企業発のスタートアップを軌道に乗せるためのベンチャーキャピタル（ＶＣ）とのワークショップ。参加したパナソニックＨＤの部長級社員は「考え方そのものが変わった」と話す。

顧客が困っていることは何か、生かせる技術や強みをパナソニックＨＤは持っているのか。マーケットインの発想で考える中で、新たな事業を生み出す取り組みが芽吹こうとしている。

パナソニックHD発スタートアップのひとつが、人工知能（AI）などを活用し、売り場や生産現場を分析するシステムを開発するビューレカ。パナソニックHDとJVCケンウッド、日米に拠点を持つVCのウィルが出資し、来客分析システムなどで導入事例も出始めている。

「立ち上げから半年ほど。意思決定のスピードが少しずつスタートアップのように速くなり、風景が変わってきた」。パナソニックHDの小川立夫グループ最高技術責任者（CTO）はこう指摘する。

次のビューレカを生み出す準備も進む。23年1月4日、米ラスベガスで開かれた世界最大の技術展「CES」。スタートアップが出展するエリアで消音マイク「ミュートーク」がひときわ目を引いた。パナソニックHD傘下で、4章に登場したシフトール（東京・中央）が出展していた。

仮想現実（VR）を楽しむヘッドセットを装着し、こぶし大のマイク部分を口に装着する。声が外にもれにくいため、同居人や近所への迷惑を気にせずメタバース（仮想空間）での会話を楽しめる。

「まだ市場にない製品」（岩佐琢磨最高経営責任者＝ＣＥＯ）を提案するというシフトール。23年2月にはアウトドア衣料のワークマンが冷暖房機能付きの服をシフトールと共同開発すると発表した。国内アパレルで最も勢いのあるプレーヤーと手を組むところまでこぎ着けた。

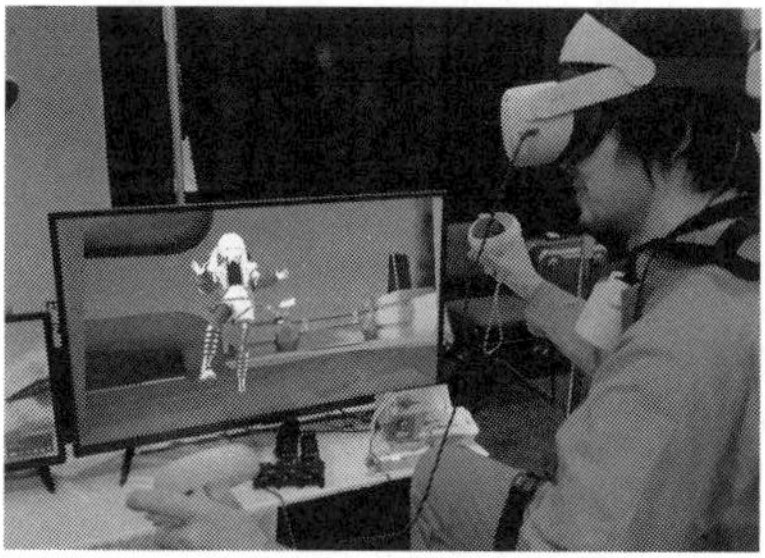
シフトールの岩佐琢磨CEOはVRでアバターを自在に動かすためのセンサー機器も実演した（23年1月、米ラスベガス）

「まだ名前のない製品を生み出していこう」。黒物家電を手がけるパナソニックエンターテインメント＆コミュニケーションの豊嶋明社長は社員に繰り返し語りかける。22年4月には新規事業を企画する部署を新設し、公募で社員を集めた。「『見る』『聞く』だけでなく、『におい』や『肌触り』まで感じられる製品ができれば、ワクワクする体験を提供できるのではないか」。豊嶋社長自

家庭向けロボット「ニコボ」（パナソニックHD提供）

身が自由な発想でアイデアを語り、新規事業立ち上げを後押しする。「これって何家電にカテゴリーされるんだろう」。こんな議論が交わされる場面も増えてきた。

テレビ事業は中韓勢の台頭などで縮小が続く。ＨＤ体制では白物家電や空調機器のパナソニックとは別会社として、黒物事業が切り離された。存在意義を証明するためにも、新規事業の育成は急務だ。

豊嶋社長がモデルケースにしているのが、23年春に正式発売した家庭向けロボット「ニコボ」。サッカーボールより小ぶりのニコボは、ソニーグループの「アイボ」のような移動はできず、ソフトバンクグループの「ペッパー」のような会話もできない。片言の日本語や表情でコミュニケーションを取る異色のロボットだ。

21年にクラウドファンディングを実施すると、３２０台を7時間弱で完売した。社内研修から出たアイデアをもとに、様々な分野の技術者が知恵を出し合い、事業化にこぎ着けた。

人材の確保が急務に

新規事業に結びつくシーズの一例として、3章でも紹介した自動車のセキュリティーが有望視されている。パナソニックオートモーティブシステムズが事業化を目指しており、外部からの攻撃で自動運転機能を持つ車が誤操作されるのを防ぐセキュリティー技術だ。特許の質と量の総合評価をみると国内では他社を圧倒し、米国でも優位性を持っているとのデータがある。

だが、すべてのシーズが生かされているわけではない。持てる経営資源を使い切る道を探るためにはソフト人材の確保を急ぐ必要がある。「3〜5年後にソフト人材は足りているのか」。2カ月に1度ほどのペースで事業会社のCTOが集まって開かれる会議でも、人材確保が議題にあがる。

外部からの採用とともに、内部の人材の質を高めることも欠かせなくなる。人材育成機関として4章で紹介したヨハナが定着してきた。家事のフォローや家族イベントの企画支援などを日米で手掛ける松岡陽子氏がCEOを務める。

「ヨハナが人材育成のベンチマーク」（パナソニックHDの小川グループCTO）。HDや事業会社のエンジニアをヨハナに派遣し、シリコンバレー流のソフト開発を学んできた。小川氏はできるだけ多くの技術者が米国に出張することで、国内事業所のマインドセットを変えようとしている。「日本に戻ってきてから体験したことを再現しようとして、うまくいかずに忸怩《じくじ》たる思いをしているエンジニアもいる」（小川CTO）と話す一方、考え方は少しずつ浸透しているという。風土改革は着実に進み始めた。

新規事業の種は芽吹きつつある。だが、売上高8兆円規模のパナソニックHDで、柱となるような事業を立ち上げるのは容易でない。軽量アシストスーツを手掛け、パラリンピックでも活躍したロボットスタートアップのアトウンは22年9月に特別清算の開始命令を受けた。

ただ、そこで歩みを止めては再起はない。顧客の利便性を高め、社会の発展に資するものであれば、信念を持って成功するまで続ける。眠っている商売の種をフル活用し、次代を支える商品を生み出す。現状に満足せず、未来の需要から逆算し、新たな「お役立ち」を世に問い続けることこそがパナソニックＨＤに求められている。

私はこう見る

40年後を見据えた経営に

品田正弘●パナソニック 社長

パナソニックＨＤ傘下のパナソニックは、売上高の４割を占めるグループ最大の事業会社だ。各事業で競争力を高め、２０２１年度に２０４３億円だったＥＢＩＴＤＡ（利払い・税引き・償却前利益）を、24年度に３５００億円に高める。家電や空調など消費者に近い商材を扱う同社は、低下が続くブランド力の復活に向けた重責も担う。

――持ち株会社化で何が変わりましたか。

「意思決定の自由度がはるかに高まった。パナソニックが担う家電などの事業はこれまで、全社の中で（成長資金を稼ぐ）キャッシュカウの側面が強かった。（車載電池など他事業に資金が回り）家電や電設資材など投資が十分に行き渡っていない部分も多かった。一方、新体制では事業会社で稼いだ分は自分達の範囲で活用できる。適切な投資を適切なタイミングでできるようになったことが一番の変化だ」

「例えば空調事業は脱炭素の文脈でも全社的な成長戦略に乗るが、海外の電材事業は全社的なポートフォリオには絡みにくかった。電材は年率で2割くらい成長している事業で、本来なら戦略的に必要な企業買収案件もあったが、できないこともあった」

――どんな会社を目指したいですか。

「新体制初日の22年4月1日には社員に『長期的な視点を持つ会社になろう』と訴えた。これまでは単年度の事業計画の達成を優先して、長期的に必要な投資を先送りすることも多かった。今後は30～40年後を見据えた経営を目指していきたい」

「挑戦することを応援する会社にしていきたい思いもある。その意味でも、空質空調社やくらしアプライアンス社など傘下会社に対しては昇格制度や給与形態など人事制度を独自で決めて良いことにしている。それぞれの競合会社をベンチマークにして自由に考えてもらいたい」

——20代で「パナソニック」の認知度が下がっています。

「Z世代の20代は企業の姿勢や方向性に共感するかを判断軸にしてモノを買う特性がある。その意味でも、まずは何かにチャレンジしようとしているパナソニックの企業姿勢を理解してもらいたい。22年4月からは企業の姿勢を伝えるパナソニック独自のテレビCMも始めた。パナソニックは消費者との接点も多い中核の事業体なので、全体のブランドイメージを牽引する役割を担っていると思う」

——社員のエンゲージメントはどのように高めますか。

「これまでも社内には優秀な働きをした社員をたたえる表彰制度があったが、22年度からは自薦方式に変える。ネットから簡単にエントリーできるようにし、挑戦の達成度合いで報酬額も変える。受賞すると、通常の賞与額よりもかなり多い額がもらえるはずだ。要は社員自ら発意してほしい。頑張ったら報われることを目に見える形で示せれば、それに連動して頑張る人も増えていくはずだ」

しなだ・まさひろ
１９８８年早稲田大学商学部卒、松下電器産業入社。テレビ事業部長や家電の社内カンパニー社長などを経て、２０２２年４月から現職。

自由度が増し、変化しやすく

樋口泰行●パナソニックコネクト　社長

企業向けシステムを手がけるパナソニックコネクトは、２０２１年秋に買収したサプライチェーン（供給網）効率化のソフトウエア事業を軸に、ホールディングス全体の成長の牽引役を期待される事業会社のひとつだ。樋口泰行社長は供給網効率化ソフトの新会社の設立・早期上場を目指しつつ、25年3月期までにＥＢＩＴＤＡ（利払い・税引き・償却前利益）を１５００億円にする目標を掲げる。

――22年4月から新体制になり、何が一番変わりましたか。

「各事業会社の自由度が増して、変化しやすくなった。(不採算事業は) 全員で議論を尽くして撤退を決めていたが不健全な文化だ。あらゆるハードウエアがコモディティー(汎用品) 化するなか、経営には戦略企画のプロ集団が必要だ。コネクトでは体制が整いつつある」

「これまでの5年間で不採算事業をやめ、成長性などが見込めるため残した (業務用パソコンや溶接機などの) 事業の先鋭化を進め、海外のライバルに対して優位性を持てるよう、強みを生かした事業展開をしている。ハードの価値を高めるためソフトウエアとの融合にも力を入れている」

——米ブルーヨンダーを軸に新会社を設立し、上場させる方針を打ち出しました。

「買収直後から上場は考えていた。供給網の効率化を求める企業の需要は高く、人材確保も含めてスピード感を持った投資が求められる。上場準備には通常は2～3年は必要だが、できるだけ早く対応したい」

「クラウド対応も強化していく必要がある。ひとつの企業で採用が決まると、関連するサプライヤーへの波及も期待できる。製造企業に顧客基盤を多く抱えるブルーヨンダーの立ち位置を生かしつつ競争力をさらに高めるため、顧客が必要とするソリューションを突き詰めていく」

――最重視するＫＰＩ（成果指標）は何でしょうか。

「稼ぐ力を示すＥＢＩＴＤＡは株主に判断してもらううえで、わかりやすい指標だ。目標は25年３月期までに１５００億円。前身である事業部門の21年３月期実績に比べると12倍となる計算だ」

――社内の風土改革も進めています。

「ダイバーシティや週休３日のような断片的な取り組みで終わるのではなく、従業員が生き生きと働けるような風土改革が必要だ。企業文化の形成には外部との接点も増やす必要があるだろう」

ひぐち・やすゆき
１９８０年大阪大学工学部卒、松下電器産業入社。92年にボストン・コンサルティング・グループへ転職後、日本マイクロソフトなどで社長を務めた。２０１７年に復帰し、22年４月から現職。

電池、用途に応じ戦略柔軟に
只信一生●パナソニックエナジー 社長

環境意識の高い欧米などで需要増が見込まれる電気自動車（ＥＶ）。パナソニックエナジーは基幹部品である車載電池を担う。乾電池製造など１００年弱蓄積してきた技術を生かし、米カンザス州ではテスラなどの電池向けとなる新工場の計画も進む。只信一生社長は電池の用途に応じて戦略を変える「引き算の経営」を掲げてさらなる成長を目指す。

――電池事業の経営の大きな方針は。

「引き算の経営を重視している。以前の電池事業は開発部門は本体、事業部門が工場とバラバラだった。これでは事業の使命が薄れ、全体最適にならない。（利用者重視ではなく、製造側の都合が優先される）プロダクトアウトの一面もあったように思う」

「事業会社になったことで、まずは大きな使命を定めて、経営資源を配分することができるようになった。電池は突き詰めればエネルギーを運ぶ箱だ。ＥＶや発電所など電池の用途に応じて求められることは異なり、経営戦略も変えていく必要がある」

――どのようなKPI（成果指標）を重視しますか。

「設備の稼働率など付加価値創出力をかなり具体的に定量で示すようにしている。例えば設備が止まっているときは、人の力が必要になるので設備の生み出す付加価値は低くなる。こうしたデータをもとに経営の方針を定めたり、従業員の評価基準に反映させたりする」

「利益で評価する仕組みは販売にとってはわかりやすいだろうが、技術や調達にとってはわかりにくい。働きがいを明確にすることで、達成したときに自分の価値を会社全体とひも付けた形で認識できる。事業部や製品ごとにKPIを設定し、競合他社と比較するようにしている」

――「人類として、やるしかない」という標語を掲げました。

「人が幸せに生きていくために、できることをやろうと社内で話し合った。『誰のために事業をやるのか』と考えると、生まれたばかりの子どもたちのためだと考えた。ハードルが高く、強い意志がないと従業員が一致団結できない。そこで『やるしかない』という言葉に行き着いた」

「発展途上国が貧困にあえぐ一方、先進国は幸せを追求している。地球環境が破壊されたら先進国もどうなるか。『矛盾』を感じた。豊かさをどうつくるか。人の幸せのため、電池事業は努力すればもっとできることがある」

ただのぶ・かずお
1992年広島大学大学院修了、松下電器産業入社。海外勤務やパナソニックのコーポレート戦略本部経営企画部長を経て、2022年4月から現職。

大手4社と伍して戦う
坂本真治●パナソニックインダストリー　社長

電子部品事業を手掛けるパナソニックインダストリーの坂本真治社長が掲げるのは、「トップラインにこだわる」姿勢だ。グローバルトップへの仲間入りを果たすという明確な目標を打ち出し、国内の電子部品大手4社に挑む。電子材料やコンデンサーなど競争力の高い4分野をコア事業に据えて経営資源を集中し、2031年3月期に売上高を1兆8000億円と22年3月期から59%増やす。

――22年4月から新しい体制となりました。

「新体制で事業会社の『自主責任経営』が求められ、これまでの『決めていいんだよ』から『決めなければいけない』となった。ポートフォリオの組み替えが一段落し、構造的問題を持つ事業はほぼなくなった。今後はトップラインにこだわり、業界の平均を上回る成長性を目指していく」

「従業員には『グローバルトップ入りする。それを皆さんと約束する』とのメッセージを発信した。30年までには業界大手の4社、村田製作所、TDK、日本電産（現ニデック）、京セラと伍《ご》して戦える会社にしていく」

――具体的な成長戦略についてどのように考えていますか。

「電子材料やコンデンサーなど成長の可能性が高い『コア事業』は売上高全体の5割を占める。業界の平均成長率が3～5%であるのに対し、コア事業は7～8%の伸びが期待できる。残りの事業も規模はまだ小さいが、グローバルシェアでトップの部品だ。市場平均並みの成長率は稼ぐことができる」

「向き合う業界の成長性は高いが、競合では1次部品メーカー（ティア1）の部品調達やコスト調整能力が強いため、同じ部品を集めてソフトを組み込んでも勝てない。他社に負けない商品価値を提供するため、デバイス単品は世界シェア上位のものを提供していく」

――新体制では風土改革も進めています。

「人材投資を増やし、従業員目線で報酬と成長の機会が両方得られる会社にしたい。例えば人材育成では、22年4月から研修予算のしばりをなくした。11月には部長・課長・係長を公募性とした。役職や役割、勤務地、報酬、必要とする研修とスキルを明示して、従業員に手をあげてもらう仕組みだ」

――30年度に二酸化炭素（CO_2）排出実質ゼロの目標を掲げています。

「我々は事業会社のなかでもCO_2を多く排出している。国内工場は電力を多く使う前工程が集中しており、自然由来エネルギーを導入するコストとカーボンコストの差が大きいという課題がある。まずは自然由来エネルギーを導入しやすい中国で優先的に進めていきたい」

さかもと・しんじ
1982年広島大学経済学部卒、松下電器産業入社。電子部品や小型2次電池などの事業に関わった後、2022年4月から現職。

車メーカーと共創の関係に
永易正吏●パナソニックオートモーティブシステムズ 社長

自動車部品を製造するパナソニックオートモーティブシステムズは、EV向け充電部品の開発費がかさんだことなどもあり、2022年3月期の売上高営業利益率は低迷した。EVや自動運転技術などの進展によって車産業は変革期にあり、受注した部品を納品するだけでは生き残りが難しくなっている。永易正吏社長は開発段階から車メーカーとともに部品をつくりあげる戦略でさらなる成長を目指す構えだ。

――事業上の課題は。

「数年前に海外事業で開発費が想定外にふくらみ、減損を出してしまった。当時は収益性の見込めない案件も受注ありきで取りに行った。海外部門のガバナンスにも問題があった。収益性を最優先に、受注・監督プロセスをすべて見直した。過去の失敗は二度と繰り返さない」

「物流混乱などリスクに備えて在庫を一定量抱える必要があり、収益性向上には生産効率を引き上げるしかない。25年3月期までの3年で、製造や物流、調達の期間を日数ベースで半減させる。期間削減をKPI（成果指標）と位置づけ、デジタル技術も活用していく」

――中長期の「攻め」の戦略をどう描きますか。

「充電装置などの『EVソリューション』と、車の情報端末とメーター画面を統合した『コックピット統合ソリューション』が2つの柱だ。EVは苦戦しているが、知見が集まった。高付加価値の高圧充電の市場を狙って主力事業にする。今は数百億円程度の売上高だが、EV市場の拡大で5年後には2～3倍に増えるとみている」

「コックピット関連もすでに受注がある。25～27年度の車載案件は高確率で受注できており、我々の自信になっている。部品を可能な限り共通化し、価格競争力をつけていく」

――車産業の変化にどのように対応していますか。

「仕様書通りに部品をつくる仕事から、完成車メーカーと『共創』の関係に発展した。パナソニックＨＤは携帯電話を開発した歴史から米グーグルなどＩＴ（情報技術）企業とのパイプが太い。メガ部品メーカーができない提案ができる」

――ＥＶになって自動車の開発障壁が下がると言われます。パナソニックＨＤとして車はつくらないのでしょうか。

「我々の強みを考えると、車メーカーと同じことをやる意味はない。パナソニックＨＤが持つ家電や住宅などのデータを生かした『パナソニックライフカー』をつくることを目指している。車で快適に過ごしてもらいつつ、車の用途に応じて付加価値を提供できるようにしたい。目指すのは車内空間そのものを提供する『パナソニックインサイド』だ」

ながやす・まさし
1984年早稲田大学商学部卒、松下電器産業入社。米国や中国勤務を経験し、車載部品関連の事業に長く携わった。2022年4月から現職。

世の中の変化にしぶとく対応

豊嶋明●パナソニックエンターテインメント&コミュニケーション 社長

パナソニックエンターテインメント&コミュニケーションはテレビなど黒物家電事業を手掛ける。2000年代まで全社の屋台骨を支えたテレビ事業は、中韓勢の躍進やスマートフォンの普及で事業が大幅に縮小している。豊嶋明社長は「世の中の変化にしぶとく対応できる力が求められている」と話す。映像・音声技術を生かした新規事業の育成を急ぐ。

――会社として目指す姿は。

「AV（音響・映像）機器の会社とよく言われるが、それはあくまで手段だ。我々の目的は『世の中の人々に感動と安らぎを与えること』にある。今はテレビやカメラなどが中心だが、それにこだわらずに領域を広げていきたい」

「22年4月に新規事業を企画する部署を新設して、社内から公募で5人のメンバーを集めた。現状の製品の進化ではなく、全く新しい製品やサービスを作ってもらう」

——新規事業のイメージは。

「顧客が何を求めているかを先に考えた上で、それを自分達の強みでどう対応できるかを考えている。例えばカメラやテレビは、1日全体で見ると何も『お役立ち』していない時間が多い。その時間帯に何らかの製品やサービスで対応できるように様々な提案を考えていきたい」

「本当の感動を生むためには、五感全体を視野に入れる必要もある。視覚と聴覚に加えて、触覚や嗅覚にも挑戦していきたい。例えば屋久島の映像とあわせて、匂いや空気感まで伝えられたら心から感動するはずだ」

——22年5月に独ライカカメラとの包括業務提携を結びました。

「画期的なチャンスを手に入れた。我々は映像処理技術や動画撮影には自信がある。ライカはレンズなど光学技術が強みだ。開発面で共同投資し、マーケティングも一緒にやるので情報発信力も高まる。カメラ文化自体を底上げするような、キラリと光る『名機』を作っていく」

——ブランドとしての『パナソニック』は若い世代の認知度が落ちています。

「消費者に近い我々の出番だ。よく従業員には、まだ名前のない製品を生み出していこうと言っている。世の中にない製品を作って命名し、10年後に世の中のデフォルト（標準）になるような商品を生み出すことが理想だ」

「環境対応も進める。『早く安く』の思想から抜け出して、どれだけ環境貢献できるかを意識したものづくりに転換する。テレビはパネルや基板などを最終分解しやすくして、リユース・リサイクルしやすくする。消費者もモノを捨てるのに罪悪感を持ち始めており、どう循環型にするかはやりがいのある取り組みだ」

とよしま・あきら
１９９３年玉川大学電子工学部卒、
松下電器産業入社。
テレビや音響機器など黒物を中心に一貫して家電に携わる。
２０２２年４月から現職。

本当のクロスバリューが始まる

山田昌司●パナソニックハウジングソリューションズ 社長

住宅設備事業を手掛けるパナソニックハウジングソリューションズの山田昌司社長はトップラインにこだわる姿勢を打ち出す。売上高を２０３０年度に21年度比２割増の５５００億円に引き上げる。環境に配慮した素材開発にも取り組み、部材調達リスクの低減につなげる。

――旧体制での課題は何でしたか。

「本社が先導していたクロスバリュー（事業連携）は残念ながら、どこかの事業が得をして、どこかが我慢する場合も多かった。（持ち株会社制になった）新体制では事業会社間の連携ができなくなると言われるが、むしろ本当のクロスバリューができる体制になったと考えている。今後はお互いがウィンウィンになる連携しかやらないし、成功確率も高まるはずだ」

「全国60カ所のショールームも活用したい。顧客のお困りごとを聞く場で、これだけの顧客接点を持っているのはＨＤの中では我々くらいだ。ハウジングの商材に限らず、新しいコンセプトの商品などを織り交ぜて提案していければおもしろい」

――重視するＫＰＩ（成果指標）は。

「営業利益と売上高だ。21年度までの3年間は稼ぐ力を重視してきた。これからはトップラインも追わなくてはいけない。（オフィスなどの）非住宅事業、リフォーム事業、新規事業と海外事業を伸ばす。今後はインドやアジアなど海外にも営業のリソースを振り向ける」

――販売ルートにも手を入れています。

「22年6月に発売したデザインキッチン『カレサ』が好例だ。著名デザイナーの深沢直人氏が監修しており、『キッチン』ではなく『家具』として売り出した。販売も家具専門店のアクタスにお願いした」

「アクタスの店舗で発表会を開いたところ、200社を超えるデベロッパーや設計事務所が集まった。陳腐化しないデザイン性も重要だが、売り場を変えた瞬間に売れる商品はたくさんあるということだ」

——ビジネス上の懸念は。

「原材料高もそうだが、調達リスクの方が怖い。（住宅設備に使っていた）ロシア産の木材を国産などに変えるのには時間がかかる。需給バランスを見極めて、調達計画を組んでいかないといけない。BCP（事業継続計画）の観点から在庫を増やす取り組みもしている」

「中長期では代替材料の開発も重要だ。22年3月に発表した『パームループ』はアブラヤシの廃材を活用しており、木質ボードなど幅広く加工できる。素材系のビジネスは形にできれば事業インパクトも大きい。サーキュラーエコノミーに対応した環境素材として育てていく」

やまだ・まさし
1983年、舞鶴工業高等専門学校機械工学科卒、松下電工入社。一貫して建築材料や住宅設備の開発に関わる。2022年4月から現職。

社会問題に向き合う技術集団に

小川立夫●パナソニックHD 執行役員グループCTO

小川立夫執行役員グループ最高技術責任者（CTO）に、ハードとソフトの融合の取り組みや新規事業の道筋について聞いた。

――これまでも様々な新規事業に挑戦してきました。

「過去にファンドを立ち上げて社員に出資し、起業を促したことがある。この中にはサイネージなどの事業で成長し、コンテンツ企業に脱皮して成功している企業もあるが、スタートアップ投資の成功事例はあまりない。米国で手がけるファンドをみても運用実績は良くても、優良な買収先はなかなか見つかっていないのは課題だ」

「ただ、過去のスタートアップとのつながりやネットワークによって、電池の高度化など新たなビジネスにつながる可能性もある。こうしたネットワークの情報や知見は非財務領域で評価しにくいが、投資がムダにならず無形の資産になっているといえる」

――新規事業ではソフトとハードの融合にも力をいれています。

「ものづくりをやめたら会社が存続する意義はないと思っているのでこだわりたい。ハードを届けることが目的ではなく、使ってもらってどのような体験を提供できたかが重要だ。ハードかソフトかは実現の手段ではあるが、ハードの強みに比べるとソフトの面が弱いのが現状だ」

「ソフト人材の採用でも遅れをとっている。不利な点は2つある。一つは大阪が拠点では採用が難しいため、東京でエンジニアが働ける環境づくりが必要だ。開発環境もIT（情報技術）企業と比べると遅れており、整える必要がある」

――暮らしと仕事のウェルビーイングを大切にしています。

「心理学や認知行動などの観点も含めて、音や光、温度や湿度などによって、人が心地よいと感じたり、集中できたりといった環境づくりを研究してきた。こうした環境をつくりだす取り組みが始まったところだ。ものづくりの現場での研究が進んでいるが、最終的に車内の空間など暮らしの豊かさにつながるサービスに発展させたい」

――二酸化炭素（CO_2）削減など環境分野を成長領域に位置づけています。

「スコープ1、2、3はあくまで自社のバリューチェーンでのCO_2削減であり、言い換えれば『リスク』だ。一方で削減貢献は顧客や社会のCO_2削減を自社製品やサービスによって後押しする『新たなチャンス』といえる。削減貢献に取り組む企業努力が正当に評価されることで、社会のCO_2排出削減の機運が高まり、再生可能エネルギーの利用なども広がって、より早くカーボンニュートラルを実現できるのが理想だ」

――パナソニックHDで削減貢献のカギとなる商品は何ですか。

「EV用バッテリーや、買収した米ブルーヨンダーのサプライチェーン管理ソフト、大型の空調や照明の技術が大きいだろう。特にブルーヨンダーのソフトは、サプライチェーンの中でCO_2排出の流れが見える化できるようになれば、より貢献できるようになるのでトライアルを進めている」

――再生エネだけで工場を動かす実証実験も始まっています。

「再生エネ100％で工場稼働が可能かについて、滋賀県の燃料電池工場でトライアルを始めている。工場の屋根面積と同じ太陽電池と、水素を活用した燃料電池も99台用意した。さらにバッファーとして蓄電池も備えている。この3つの組み合わせによって、どの程度の電力を太陽電池でまかない、水素をどの程度使う必要があるのかをテストしている。この取り組みを欧州にも展開したい」

――10年後の技術部門はどうあるべきでしょうか。

「エネルギーや食料などといった社会問題に真正面から向き合うべきだ。長年くらしに寄り添ってきた我々だからこそできる価値提供がある。こうした取り組みを支える技術集団として、働き方で選ばれる会社になってほしいと願っている。良い結果を出している集団は、良い働き方をしているはずだ。『パナソニックHDは仕事がおもしろくできる会社だ』と言われるようになってほしい」

おがわ・たつお

１９８９年大阪大学理学部卒、松下電子部品（現パナソニックＨＤ）入社。研究員として米に留学し、先端実装技術開発などにも携わった。２０２１年からグループ最高技術責任者（ＣＴＯ）。

第 8 章

トップが語る、
2030年の
Panasonic Holdings

2度にわたる下方修正

パナソニックホールディングス（ＨＤ）の楠見雄規氏が社長に就任して2年を迎えた。事業会社に自主性を持たせて収益を稼ぐことを意識させる「自主責任経営」と、成長領域と位置づける環境分野で技術・知見を生かす社会への「お役立ち」を両輪に、スピード感を意識した経営に取り組んできた。改革の先にある10年後のパナソニックＨＤの姿をどのように描いているのだろうか。

「まず重視すべきは累積営業キャッシュフローだ」。楠見社長は役員をこう鼓舞する。22年4月に発表した25年3月期までの中期経営指標では3年累計の営業利益1兆５０００億円、累積営業キャッシュフロー2兆円を掲げた。

楠見氏が「我々としてはなかなかに挑戦的な数字」と発言したのも無理はない。５０００億円以上の営業利益を計上できたのは、事業の選択と集中を進めた08年3月期など過去3回だけ。営業最高益５７５６億円は１９８４年11月期だ。当時は米国でビデオデッキの需要が広がり、重点投資したパソコンなども伸びた。その後は約40年間、最高益を更新できていない。

ＨＤ発足直後に立てた計画は急激な為替変動や原材料高騰などで初年度からつまずいた。新体制1年目の23年3月期は2度の下方修正に追い込まれ、営業利益は２８８５億円にとどまった。計画達成のハードルは高い。

電気自動車（ＥＶ）向け電池など環境負荷の軽減につながる成長3事業については、ＨＤとして3年で計６０００億円の投資枠を設けている。足りない分は各事業会社が稼ぐのが基本だ。「主要5事業会社はそれぞれが売上高1兆円規模の企業だ。1兆円を超える規模の会社が数百億円のキャッシュを生み出せないようでは問題だ」とＨＤ副社長執行役員の梅田博和グループＣＦＯ（最高財務責任者）は話す。

23年3月期の苦戦の理由の一つに成長が期待される領域の伸び悩みがある。「半導体や樹脂、なにもかも足りない。部品が届くまでいつもの何倍も時間がかかる」。パナソニックエナジーが新型車載電池の生産拠点として立ち上げを急ぐ和歌山工場（和歌山県紀の川市）の関係者から悲鳴があがる。世界的な半導体不足や物流の混乱で、一時は生産が当初計画から遅

営業最高益は約40年更新できていない

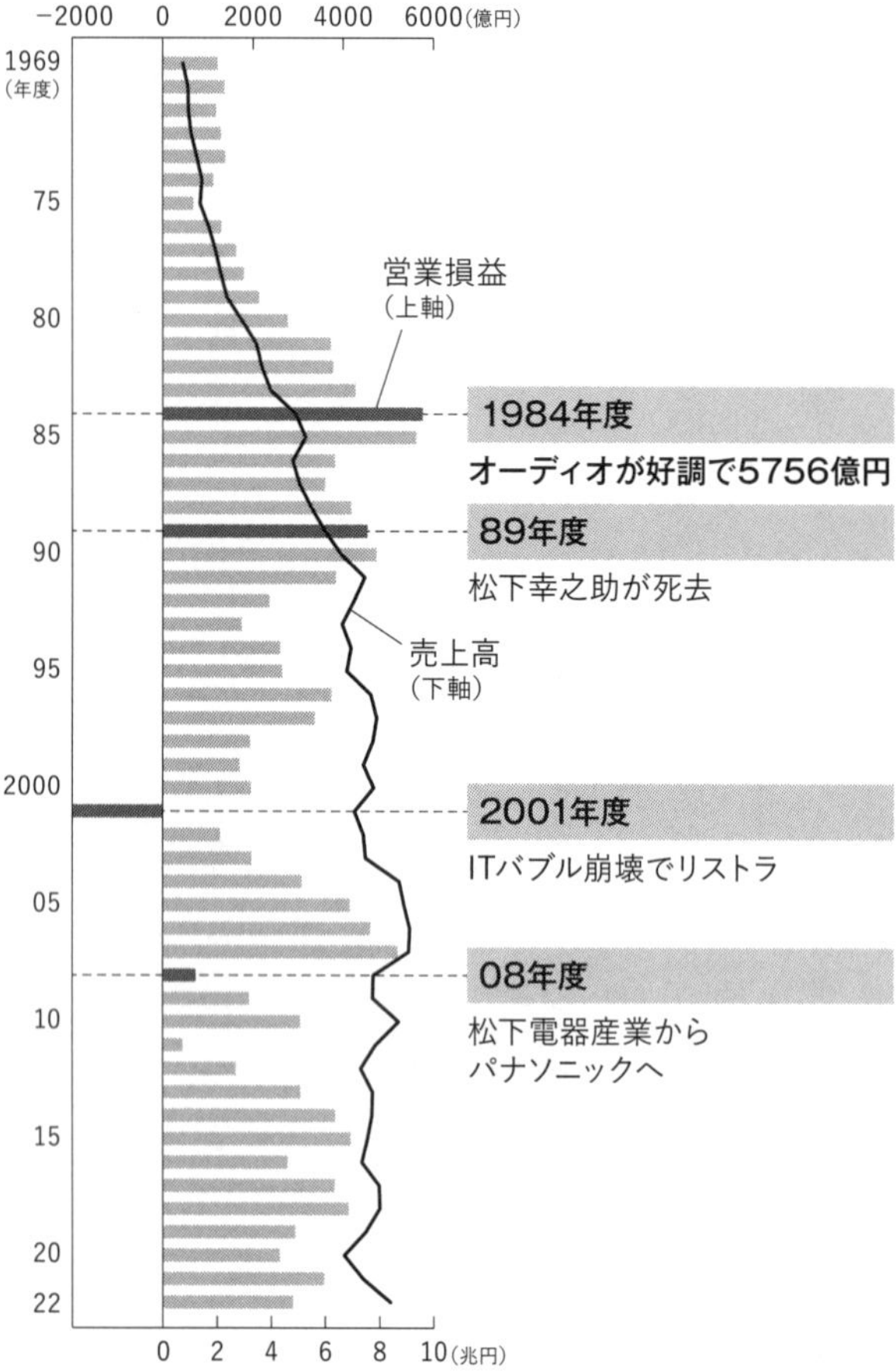

（注）決算期は1986年度までは11月、87年度から3月。16年度から国際会計基準

れる可能性もあった。

部材不足とともに原材料の高騰が苦戦の要因となっている。22年10～12月期のエナジー事業の営業利益は2億円と前年同期の174億円から大幅に減少した。水酸化リチウムの市場価格は想定より1～2割ほど高値で推移している。高騰分が売価に反映されるのに数カ月かかるため、一時的には減益要因になる。

ソフトとハードの融合の象徴として成長領域の一角を担っている「ブルーヨンダー」事業も思わぬ誤算に直面している。サプライチェーンの効率化を急ぐ企業でも景気の減速で設備投資を手控える傾向が強まり、受注は思ったように伸びてくれない。

逆風下でのさらなる顧客開拓にはソフトそのものの強化、特に継続課金が見込めるソフトへの改良が不可欠だ。米ブルーヨンダーのダンカン・アンゴーブ最高経営責任者（CEO）は、22年7月の就任早々に構造改革に動いた。営業部門の立て直しなど構造改革費用がかさみ、パナソニックコネクトの22年4～9月期の営業損益は104億円の赤字だった。クラウド経由でソフトを提供する「SaaS」や継続課金のビジネスモデルに対応する体制づくりの必要経費ととらえ、反転につなげる。

持ち株会社制に手応え

一方、家電や空調設備を手がけるパナソニックは比較的堅調に事業を伸ばしている。中国・上海のロックダウンや円安、原材料費高騰の影響を大きく受けているが、新たに打ち出した価格戦略の効果が出始めた。家電量販店との間で返品に応じる代わりに、指定価格で販売し続けてもらう取引形態が広がり、22年に実施した家電の値上げや合理化と合わせて、営業利益を押し上げている。

成長領域の一角である空調事業も、欧州で想定以上の伸びを見せる。ウクライナ侵攻をきっかけとした脱ロシア産燃料の動きや環境意識の高まりを受けて、省エネルギー性能の高い電気式の「ヒートポンプ暖房」の需要が急拡大した。22年4～9月期のヒートポンプ暖房の販売額は前年同期比2倍を超えている。

ＨＤ傘下の事業会社は事業領域が大きく異なるだけに業績の濃淡も出やすい。現状のままでは、こちらの領域の業績が上がってもあちらが下がるという結果を繰り返したり、一斉に上向いたり、その逆になったりという綱渡りのポートフォリオ経営を強いられる恐れもある。

だからこそ自主責任経営の旗をさらに高く掲げることが欠かせなくなる。それぞれの事業会社が短期での業績低下を最小限に抑えながら、中長期で成長を続ける道筋を明確に示せれば、業績に一喜一憂する必要も薄れてくる。

楠見社長も事業会社への期待を新たにしている。日本経済新聞社のインタビューで「投資判断ひとつとっても、ＨＤからの押しつけではなく、事業会社側からアイデアが出るようになってきた。事業会社のトップの目の色が変わってきている」と語った。口には出さないが持ち株会社制への移行に手応えを感じており、進んでいる方向性に自信を持ち始めているように見える。

社長経験者からも現経営陣が取り組む改革を前向きに捉える声が出ている。4代目社長の谷井昭雄氏は「どの事業で稼いでいくかが明確になって良い方向に変わってきた」と語る。

金太郎あめからの脱却を

前社長の津賀一宏会長にも話を聞いた。「私が社長の時代もそうだったように、パナソニックHDは現状を肯定する雰囲気が強く、大きな投資や新たな挑戦に向ける力が比較的弱かった」「昔は大きなパナソニックという傘の下にいれば良かった。いまは事業会社ごとに収益をあげるため、会社の理想の姿を考え、変わろうとしている」。9年間の社長在任期間を振り返り、こう語った。

後を託した楠見氏の2年間とあわせて計11年。つまるところこの間の改革は、巨額投資による業績悪化からのリカバリーと不採算事業の切り離し、そして組織の風通しが悪くなり、挑戦しなくなっていた大企業病からの脱却、社員のやる気の醸成に集約される。津賀氏は「遠慮がちだった文化を変える勇気も必要」と話した。

若手を積極的に登用し、女性が働きやすい環境をつくってダイバーシティを高める。とんがった人材を外部から獲得し、組織の力を底上げする。エンゲージメントを高める仕組みを取り入れて、成長を実感できる職場をつくる。そして、事業会社に責任も権限も委譲して経営のスピードを速める――。

11年間の取り組みのひとつひとつはオーソドックスなものだ。しかし、津賀氏と楠見氏はこれらを同時並行で次々に進めてきた。会社が変わり、組織の空気が変わり、自分の仕事も変わるんだと社員が自覚するようになる。自らの意見を言って、新しいものに挑戦していいんだと多くの社員が考え始めている。

10年後にどんな会社になってほしいのか。津賀氏に聞いてみると、「パナソニックＨＤとしてのアイデンティティーは大切にしてほしいが、『金太郎あめ』では多様な人材は生かせない。社会の変化を先読みして、要請にこたえることで企業価値を高めていってほしい」との答えが返ってきた。金太郎あめはかつて松下電器産業の褒め言葉だった。人材も商品も質がそろっている。津賀氏はそれがいま、マイナスのワードに変わったと考えている。個性がない。意見を言わない。挑戦しない。金太郎あめの集合体を抜け出さないと、パナソニックＨＤは再起できない。

津賀氏は「事業会社は理想の姿を考え、変わろうとしている」という

楠見社長への評価も聞いた。津賀氏は楠見氏について「あらゆることをハイレベルでこなせるスーパーマン」と評する。自分の思うように改革が進まないときでも辛抱を重

ねながら周りの力をうまく使い、人を育てる。松下幸之助が言った「衆知を集める」大切さを学んできたのだろうとみる。

「楠見社長はＨＤの意向を押しつけるのではなく、事業会社に考えてもらうことを意識した発言をしている」とも語った。幸之助の「任せて任せず」を実践していると捉えているようだ。一方で「今はまだ比較的白紙の状態にしている事業へのスタンスも、これからの投資判断などで少しずつ明らかにしていくのではないか」とみる。助走期間は終わりつつあるという認識だ。

様子見の2年は終わった

翻って楠見氏。重視するのが自分への問いかけだ。執務をする机の横には主要事業会社の様々な経営指標が一覧できる大型モニターが置いてある。自身のパソコンにはＮＨＫの人気番組のキャラクター、チコちゃんのシールを5枚貼っていた。競争力を高めるさらなる改善はないか。変えるべきことがあるのではないか。5度自分に問い直す。ぼーっと生きていてはいけないと言い聞かせているようだ。

楠見氏は現場に足を運び、自分の目で見て確認することを大切にしてきた。社内SNS（交流サイト）やnoteなどを使っての発信も欠かさない。言うべきことをフラットに言いあえる環境こそが望ましいとかねて考えてきた。多くの社員が机を並べるフロアの一角でオープンな空間にある社長の執務スペースからも、自分の仕事のありのままの姿を知ってもらい、気兼ねなく話しかけてもらおうという意識がうかがえる。自分の意見を、先輩にも部長にも、そして社長にも言っていいんだと社員に思ってもらえる環境にしている。

津賀氏が助走期間の終わりを予見するように、甘えを許さない姿勢が楠見氏の言葉としても表れてきた。社長就任からの2年を「競争力強化の2年」と位置づけ、事業会社が持つ商材の強みなどを見極めるため、事業の売却や切り離しは凍結してきた。その2年間も終わりを迎えた。事業会社の社長たちに対し、「少し改善が進むとすぐに満足してしまうところがある。改善に対する不断の取り組みが必要だ」とも話す。大きな期待の裏返しが厳しい言葉となって口をついた。

「事業ポートフォリオの見直しについても封印を解くことになる」とも断言している。10年先を見据えて、営業キャッシュフローなどの財務指標はもちろん、非財務指標にも目を配りながら事業の選択と集中を進める。

「主役はあくまで事業会社」「私はまだ何もなし遂げていない」。対外的な発信が少なめだった楠見氏。だが、様子見の2年は終わった。競争力強化という土台づくりを終え、改革のギアを上げる時が来る。23年の新年の漢字としてしたためた「捷《しょう》」の字にもそれは表れた。敏捷の捷。すばやい、早いといった意味がある。

社長就任を告げられた20年秋、かつての松下電器産業を知る関係者を訪ね歩き、いまと何が違うのかを考え抜いた結論が経営のスピード不足だった。今も「先手必勝。スピード重視で勝つ」と繰り返し話す。スピード感を持った改革の先にこそ、「40年の停滞」からの脱却があると信じている。

私はこう見る

ポートフォリオ見直し、封印解く

楠見雄規● パナソニックHD 社長

持ち株会社制に変わり、会社は正しい方向に向かっているのか。過去2年間で何を変えたのか。事業を売却したり、買収したりして、ポートフォリオを見直す可能性があるのか。楠見雄規社長に聞いた。

――競争力強化の2年が最終コーナーに差しかかっています。

「競争力強化の2年とは、事業ポートフォリオの見直しを2年間封印して、競争力強化に専念してもらうという意味だ。自分の所属する事業が売却されるかもしれないという不安を抱えた状態では競争力強化に身が入らない」

「これからはいよいよポートフォリオ見直しの封印を解く。すぐに何かの事業を売却するという意味ではないが、パナソニックホールディングス全体としての健全な成長をしていくうえで、ポートフォリオ見直しもひとつの選択肢になるということだ」

「『この事業はどういう形にすると、一番競争力が強化できるか』という問いかけが今後増えていくだろう。その問いの中で投資や事業の統合・売却、他社との協業といった判断をしていくことになる。事業ポートフォリオについては頭の中が少しずつ整理されつつあって、いろいろなアイデアもあるが、まだ発信すべきタイミングではない」

「ただ、様々なことが停滞しているのは確かだ。デジタルトランスフォーメーション（DX）ひとつとっても非常に遅れている。遅れている部分を立て直してからでなければ再編の議論はできないし、他社と協業しても主導権を握りづらくなってしまう」

――成長領域と位置づけた事業にも伸び悩みがみえます。

「成長領域としている3事業も半導体不足などの逆風は吹いている。そういった業績にとってのマイナス材料がなくなったときに飛躍できるのか。単年度収支の目標を守れということはあまり言っていないが、『何を変えるのか』という問いかけはするようにしている」

「在庫がたまっているのならば何を変えるのか。やり方を変えなかったら在庫は減らない。今のままのやり方では在庫がどんどん積み上がっていくが、それでいいのかという問いかけはする。そこで他社の取り組みなどを紹介することはある。私が重視している営業キャッシュフローは積み重ねだ。生みの苦しみはもちろんあるだろうが、来年やりますではなく、今すぐ改善していかなければどんどん苦しくなる」

――3年累計の営業キャッシュフロー2兆円の達成を、経営指標として特に重視しています。

「四半期ごとの決算では様々な要因で事業ごとに業績に濃淡が出てしまうことがある。四半期の営業利益でみるまでもなく、お金を稼ぐということは1日1日の積み重ねだ。うまくいかなければ、すぐに改革するべきだ」

「単年度の計画を守るためではない。自分たちの事業を真摯に振り返って自ら改革し続ける意識が重要だ。仮に1カ月うまくいかなかったとすれば、挽回するための改善のチャレンジがすぐ必要になるはずだ。1年単位では遅いときもあるだろう。単年度の計画を守ることに固執して、思考停止に陥っていないか。新製品開発でも固定費削減でも、課題にすぐ対処して改善していく意識が競争力につながる」

「だからこそ重視しているのが3年間の累積営業キャッシュフローだ。1カ月ごとの上がり下がりに一喜一憂するのではなく、3年という期間で立てた目標を達成するために改善の余地をみつけて競争力を高めていくべきだ」

――さらなる成長には、全社的にキャッシュ意識をさらに浸透させる必要があります。

「『誰にも負けない立派な仕事をする』という、元会長の高橋荒太郎さんが何度もおっしゃっていた言葉がある。誰にも負けない立派な仕事をして、その結果として顧客が喜んで使ってくれるものができ、その結果として利益が生み出される。利益が得られない、もしくは顧客に選んでもらえていないのであれば、直ちに改革のメスを入れなければならない」

「例えば在庫が増えるということは、顧客には喜んでもらっているかもしれないが稼げていないことを意味する。お金というものを営業利益ではなく、営業キャッシュフローで見れば、在庫が増えた状態は実際に手元にお金がないのと同じことを意味する。これでは将来に対する投資ができず、顧客に対してお役立ちが継続できない」

「究極的には顧客へのお役立ちにおいて誰にも負けないことが重要だ。その上できちんと対価をもらって、自分の稼いだお金で成長していけるという点がクリアできているのであればいい。利益やシェアは後からついてくるものだ」

――持ち株会社制への移行で事業会社は「自主責任経営」を求められるようになりました。

楠見氏は「経営者は七変化ができなければならないと思っている」と語った

「事業会社のトップは目の色が変わってきた。以前であればいくらかの予算をつけて投資をするという話があっても、なかなか提案が出ず、本社が指示をして投資を決めることもあった。これは非常に不健全だ。だが今は様々な逆風がある中でも、こういうところに投資していこうみたいな提案が、事業会社側から出てくるようになった。普通の会社に戻りつつあると感じる」

「こうした投資分野の代表例が電気自動車（ＥＶ）向け電池であり、環境性能の高いヒートポンプ暖房の欧州での拡大だろう。買収の話も含めて、少しずつ事業会社発の投資提案が増えてきた。それをＨＤが下支えする。事業会社が自分たちで稼いだ資金で投資するのが基本的な考え方だが、ＥＶ電池などのようにそれではおさまらない規模の投資が必要になることもある」

「ＨＤとして地球温暖化阻止の一助になるのであれば、サポートしていくということだ。ただ、投資する製品は競合他社に負けない競争力が必要だ。コスト面でも性能でも、競合と戦っていける製品でなければならない。電池であれば生産時のCO_2排出量をいかに下げるかということも競争力になる。研究開発段階の要素もあるだろうが、志をもった競争力がある事業であれば、気になる点はあったとしても『やってみなはれ』ということで後押ししていく」

これではいかん、という目を

――家電など商品力は少しずつ高まってきているように見えます。

「デザイン経営などという言葉もあるが、確かに商品は変わってきた。おもしろい商品を思い切って出すという挑戦については、家電でいえばパナソニックの品田正弘社長、パナソニックエンターテインメント&コミュニケーションの豊嶋明社長は強く意識してくれている」

「『次世代の定番を作る』という気概は素晴らしい。成功も失敗もあるかもしれないが、大事なのは守りに入らず果敢に挑戦することだ」

「BtoBの世界でも意識付けが必要だ。（車内をひとつの居室空間ととらえて全体をプロデュースする）車室空間なども挑戦のひとつだ。美容関連商品やヘッドホンなどで直接、消費者と向き合ってきた大田馨子さんを、BtoB事業であるオートモーティブシステムズに招いて事業部を束ねてもらっている。BtoB、BtoCの両方の知見を兼ね備え、イノベーションを起こせる人材が牽引してくれている」

——風土改革など従業員の働きがいを高める取り組みも加速しています。

「上から言われた仕事を仕事と思ってこなして、給料をもらっているような現場からは活力が失われていく。自分の持ち場をどんどん良くしていくことが仕事であり、こうした仕事の積み重ねで会社全体が良くなっていく。事業会社のトップがエンゲージメントを高める取り組みが重要であることを非常に強く意識してくれている。こうした取り組みを主導してくれているのがパナソニックコネクトの樋口泰行社長だろう」

「私からのメッセージの発信も双方向にして、社内ＳＮＳで私の意見に『それは違う』と送ってくれる人もいる。フラットな組織にするために、私の机も部屋から出して社員と同じフロアに置いた。普段から姿を見せておくことで、言うべきことを言い合える風土にしなければならない」

「社内ＳＮＳで情報発信するといっても、見ている人は国内社員の３割程度。現場の最前線の社員は、自分のパソコンを持っていない人もいる。そういう人たちにもメッセージを届けるため、紙の社内報もリニューアルした。紙ではどうしてもコミュニケーションが一方通行になってしまうが、社員が社内報を持ち帰って家族にみせることができる。仕事でしんどいときでも、『踏ん張りどきやで』と家族が応援したり支えたりしてくれるようになればいい」

――優秀な人材の確保も難しくなっています。

「人を確保するのが大変な時代になった。特にＩＴ（情報技術）系の技術者はとりづらい。各事業会社が東京にも拠点をつくることを考えているのも、採用を意識してのことだろう。ある程度の水準の目安はあるが、処遇についても自由度を高めて事業会社ごとに決められるようにした」

「社員への還元も重要だ。社員一人ひとりがやりがいをもって、持ち場でどんどん改善して成果が出たのであれば、きちんと社員の給与に反映させなければならない。誰にも負けない立派な仕事を起点にして顧客に喜んでもらう。その対価として利益という報酬をいただいたのであれば、社会への還元と株主への還元とともに、社員への還元にもきちんと向き合うべきだ」

――環境負荷軽減につながる事業領域を成長エンジンと位置づけています。

「HD社長になるまでは私も、環境問題を十分には自分ごとにできていなかった。だがHD社長に就いて、HDの根本的な役割、パーパスとは何かをあらためて考えた。何をすれば社会に対してお役立ちができるか。いま喫緊の課題でいえば地球温暖化への対応だ。温暖化を阻止するため我々の商品やサービスで、消費者や顧客企業のCO$_2$排出削減を加速していくことが求められている。最終的には我々だけではなく、業界や世の中全体が環境負荷軽減に向かっていくことが理想だ」

「30年先を予測していくことが重要だ。エネルギーでいえば環境規制がより厳しくなるとか、若い世代の意識がどう変化するかとか、それぞれの事業で考えていく必要がある。変革は外部要因で変わるものと、技術の進化によって変わるものがある。その変化を先取りしていく必要がある。事業部長クラスはどうしても目先の3年程度を見がちだが、それだけでは生き残っていけない。いまの商材が何かに置き換わるかもしれないことを予測して手を打っていくことが重要だ」

――HD社長として大事にしていることは何ですか。

「私のバックグラウンドは技術者だが、経営者は七変化ができなければならないと思っている。事業は多面的であり、シチュエーションによっても変わる。態度も甘いだけではダメで、狂気をはらむことが必要なときもあるかもしれない。柔軟にしなやかに変化しなければならない」

「どちらかというと不器用な人間なので『このやり方で良かったんやろか』と日々振り返りながら、少しずつ変えていくようにしている。創業者の松下幸之助の言葉でいえば

『自己観照』だろうか。周りの近しい立場の人には『私も間違うことはあるだろうから、そのときには絶対に間違っていると言ってくれ』とお願いしている」

「創業者の言葉に立ち返れば100点ではなくとも及第点にはなる。すべての言葉を大事にしているが、特に頭に残っているのが『これではいかん』という言葉。現状に満足しない、道は無限にあるという考え方だ」

「これではいかん、というのは誰にも負けない状態になっていないということ。この創業者の考え方はトヨタ自動車の改善にも通じるのだと思う。テストに100点はあるかもしれないが、事業に100点はない。『これではいかん』という目で今の姿と将来とを対比することを、それぞれの持ち場で皆がやる。そういうことでなければ10年先の成長はない」

「Panasonic 再起」取材班

岩戸寿
長縄雄輝
平嶋健人
梅國典
松本晟
佐藤遼太郎
杜師康佑
藤野逸郎
花井悠希
世瀬周一郎

日経プレミアシリーズ｜498

パナソニック再起《さいき》

二〇二三年六月二三日　一刷
二〇二三年七月一四日　二刷

編者　日本経済新聞社
発行者　國分正哉
発行　株式会社日経ＢＰ
日本経済新聞出版
発売　株式会社日経ＢＰマーケティング
〒一〇五―八三〇八
東京都港区虎ノ門四―三―一二
装幀　梅田敏典デザイン事務所
組版　マーリンクレイン
印刷・製本　中央精版印刷株式会社

ISBN 978-4-296-11629-4　Printed in Japan